ウント「AWS-SAアソシエイト@サンプル問題」

ビス情報を踏まえた、AWS認定ソリューションアーキテクト - ア
プル問題を定期的にLINEへ無償提供しております。下記のQR
スできます！　ぜひご活用ください。

JN099383

独自に調査した結果を出版したものです。

ついて万全を期して作成いたしましたが、万一、ご不審な点や誤り、記載
付きの点がありましたら、出版元まで書面にてご連絡ください。

に関して運用した結果の影響については、上記(2)項にかかわらず責任を
、あらかじめご了承ください。

たは一部について、出版元から文書による承諾を得ずに複製することは
ます。

れている会社名、商品名などは一般に各社の商標または登録商標です。

一夜
漬け

AWS認

ソリューショ

アソシエイト

LINE 公式アナ

最新のAWSサ

ソシエイトのサ

コードからアクセ

AMAZON

WEB

SERVICES

注　意

(1) 本書は著者

(2) 本書は内容
　　漏れなどお気

(3) 本書の内容
　　負いかねま

(4) 本書の全部
　　禁じられて

(5) 商標
　　本書に記載

はじめに

　Amazon Web Services（AWS）認定ソリューションアーキテクト－アソシエイト試験が注目されています。

　これはクラウドサービスであるAWSの利用者が増えていることが背景としてあります。Gartner 2021によるクラウドベンダー評価では、Amazon、AWSは、最高の評価である「Strong」評価を確保しています。もはやAWSはITの社会インフラとなっていると言っても過言ではありません。例えば、東京リージョンで何らかの障害があると、それはYahooニュースのトップになったりします。それだけの影響がある社会インフラになっています。

　そして、クラウドに応じた適切な設計をする役割を担うのが、ソリューションアーキテクトです。このソリューションアーキテクトの基本的な技術、知識を証明する資格にAWS認定ソリューションアーキテクト－アソシエイトがあります。最近では、この資格がないとAWSのアーキテクチャを理解しているとは言えないぐらいの重要資格になってきています。

＊　　　　　　＊　　　　　　＊

　本書はそうした背景の下、AWS認定ソリューションアーキテクト－アソシエイトの早期取得を目指した参考書として出すものです。既に多くのAWS試験対策の書籍が出ています。そうした中で、あえて本書を出すのは次のような理由からです。

　①既存の書籍の中には、試験で求めているものと違うものが散見される。
　②試験内容の難易度が上がっていても追いついていない。
　③既に最新でなくなっている。

　①は、AWS試験対策としながら、AWSのアソシエイト試験で問われるような設計原則に従ったアーキテクトとしての知識、技能習得に対応していないことがあります。②は、受験者からの感想として、3年前に初めて受験した人が、最近の試験を受験したところ、その難易度にびっくりしたといった話をよく聞くからです。③は、AWS試験は常にアップデートされているため、数年経っている書籍では、記載内容が古くなっている可能性があるといったことです。このように参考書と実際の試

験で方向性やレベル感に乖離があることは、忙しい社会人にとっては受け入れがたいのではないでしょうか。

＊　　　　　　　＊　　　　　　　＊

　筆者はこうした急速にクラウドにシフトしていくITの現場に身を置きながら、7年前より（株）クレスコでAWS事業の拡大と技術者育成を推進してきました。技術者育成の過程でAWSのアドバンスドコンサルティングパートナーの認定を受けるとともに、育成したAWS認定技術者も延べ300名は超えています。

　こうした成果が得られたのは、一言でいうと、まじめにAWSの設計原則に従って対策をしてきたことに尽きます。カリキュラムを達成し努力した受験者が母数になりますが、私の主催する社内外の勉強会では、2019年は85%という高い合格率になりました。難易度が高まっている試験としては高い合格率と自負しております。

　このたび、2022年8月末に切り替わった新しいアソシエイト試験（SAA-C03）に完全対応し、改訂版としてリリースしています。そのため実践問題も追加・変更しました。

　本書を通じ、1人でも多くの方がAWSのソリューションアーキテクト-アソシエイトとして認定され、さらに拡大するAWSを活用して活躍されることを願っております。

2022年10月
山内 貴弘

Contents	目　次

アーキテクチャベストプラクティスの設計原理

「セキュアなアーキテクチャの設計」についてのベストプラクティス

「弾力性に優れたアーキテクチャの設計」に
ついてのベストプラクティス

Chapter **7**

「高性能アーキテクチャの設計」についての ベストプラクティス

「コスト最適化アーキテクチャの設計」についてのベストプラクティス

アソシエイト試験実践問題＋AWSサービス用語集

AWS認定ソリューション
アーキテクト―アソシエイト
試験の概要

AWS認定試験には、複数の認定資格が用意されています。そのうち、中核をなす認定資格がAWS認定ソリューションアーキテクト―アソシエイトになります。この章ではアソシエイト試験の概要と試験合格のメリット、そして本書の活用方法を説明します。

AWS認定ソリューション アーキテクトーアソシエイトとは

Section 1-1

AWSの認定試験には、いくつかの資格の種類があります。そしてAWSのサービスの拡大とともに、その資格数も拡大しています。

利用可能な AWS 認定

FOUNDATIONAL
6 か月間の基礎的な AWS クラウドと業界知識

PROFESSIONAL
2 年間の AWS クラウドを使用したソリューションの設計、運用、およびトラブルシューティングに関する経験

ASSOCIATE
1 年間の AWS クラウドを使用した問題解決と解決策の実施における経験

SPECIALTY
試験ガイドで指定された Specialty 分野に関する技術的な AWS クラウドでの経験

（出典：AWSのHPより　2022年10月現在）

　この中で、アーキテクトのアソシエイトという資格は、基礎的なクラウド知識の上に、システム全体のアーキテクチャを設計するための知識と技能を身につけていることを認定するものであり、AWS認定試験の中核であるとも言える試験です。
　AWS認定ソリューションアーキテクト−アソシエイトの試験ガイド（SAA-C03）では、この試験で検証される能力は次の通りとしています。

- 現在のビジネス要件と将来予測されるニーズを満たすようにAWSのサービスを組み込んだソリューションズを設計する。
- 安全性、耐障害性、高パフォーマンス、コスト最適化を実現したアーキテクチャを設計する。
- 既存のソリューションズをレビューし、改善点を判断する。

この3点は試験を考える上で、とても重要なので、第2章で詳しくご説明します。試験概要は次の通りです。

- 試験の回答形式……複数の選択肢と複数の答えがある問題
- 実施形式……テストセンターまたはオンラインプロクター試験
- 合格基準……720点以上（100～1000点の採点）
- 時間……130分
- 受験料……15,000円（税抜き）
- 言語……英語、日本語、韓国語、中国語（簡体字）

試験範囲は次の分野になっていて、それぞれ試験の比重が異なるとされています。

分野	出題の比率
第1分野：セキュアなアーキテクチャの設計	30%
第2分野：弾力性に優れたアーキテクチャの設計	26%
第3分野：高性能アーキテクチャの設計	24%
第4分野：コストを最適化したアーキテクチャの設計	20%

試験の詳細については、AWSのウェブサイトもご確認ください。

https://aws.amazon.com/jp/certification/certified-solutions-architect-associate/

試験合格のメリット

　AWS認定されることによるメリットとしては、AWSから提供される利点として、デジタルバッジの利用、試験の割引、イベントでの認知、AWS認定グローバルコミュニティへの参加、無料の模擬試験バウチャーの利用、AWS認定ストアの利用があります（詳しくはhttps://aws.amazon.com/jp/certification/benefits/を参照）。

　こうしたAWSからの特典も良いのですが、実際にITの仕事をする上では、次のような実益に直結するようなメリットがあると考えております。

- ITについて、部分ではなく、幅広く理解することができる。
- AWSを通じて、最新のITを理解することができる。
- AWSを利用したITの仕事につける可能性が高まる。

　またAWSがITインフラのデファクトになってきている現在、IT技術者ならば、AWS認定資格を持っているのが、普通になる日も来るかもしれません。だからこそ早くAWS認定資格を取得し、実際の業務に活用された方が良いでしょう。

　さらに2022年8月末からSAA-C03版として、試験内容が刷新されました。新試験ではセキュア、弾力性、高性能、コストという分類により、アーキテクチャーを選定していくものになっています。これによりアーキテクトとして必須な項目を網羅したものになりましたので、資格取得は非常にお勧めです。

本書の活用方法

　忙しい社会人は、なるべく短時間で合格への要点を知りたいのではないでしょうか。そのため本書では、できるだけ基本的な記述は省くとともに、設計原則に即した内容に焦点を当てています。

　第2章〜第9章で8時間完了を目安としております。これは試験の前日、集中学習することも可能です。しかし今までの学習経験の差もあると思いますので、一度ざっと流し読みをした上で、不安なところを集中的に学習するのが良いでしょう。最初に4章の練習問題や9章の実践問題を活用することもお勧めです。

■本書の活用方法①試験について理解する→第2章（所要時間15分）

　試験には範囲があります。そして解き方があります。その点を第2章で説明しています。

■本書の活用方法②試験に出る用語を理解する→第3章（所要時間15分）

　AWSの試験にあたっては、受験者にとっては普段使っていない用語も出るケースがあります。そのため、まず用語理解から入ります。

■本書の活用方法③設計のベストプラクティスを理解する→ 第4章（所要時間3時間）

　アソシエイト試験では、顧客の要件に基づき、Well-Architectedフレームワークの6つの柱に対応するサービスを正しく選ぶことが大切です。この6つの柱のうち、特に以前からある5つの柱を正しく考えるために、具体的な設計原則が書かれたものとして、「AWSベストプラクティス」があります。

　第4章では、このAWSベストプラクティスの10の設計原理について解説します。

　また、章の終わりには復習のための練習問題が40問ありますので、設計原則の理解の定着のため、チャレンジしてみてください。

　この第4章までで70%以上の点を取れることを目指しています。

■本書の活用方法④ポイントだけ集中攻略→第5章～第8章（所要時間4時間）

第5章から第6章までは、AWS Well Architectedフレームワークの5つの柱に沿って、AWSの重要なアーキテクチャベストプラクティスを説明しています。各項目は、個別のAWSサービスのベストプラクティス例になります。そのため試験では問われる可能性の高いものと考えております。

AWS認定試験は分野毎に出題の比重があります。そこである程度、比重に応じた形で、ポイントを集中的に解説しています（そのため、サービスの全体像といった網羅性は犠牲にしていますので、その点ご容赦ください）。

各項目では、要点をまとめた「ポイント」を、その出題可能性の高さを示す「重要度」とともに掲載しています。「ポイント」の内容を理解できれば、その下の解説は軽く読むくらいで良いでしょう。まず「ポイント」のところだけでも、全項目、目を通していただければと思います。重要度の★が多い方が重要事項ですので、もし時間がない時は★5つのものだけ目を通してみてください。

第4章と合わせて80%以上の得点、すなわち合格点を目指します。

■本書の活用方法⑤アソシエイト試験実践問題→第9章（所要時間30分）

この実践問題は本番相当の設問としてピックアップしました。前章までの知識を元に、本番の形式に慣れる目的で解いてみてください。

なお、本書では、AWS認定クラウドプラクティショナー資格合格されている方、もしくは同等程度のAWSの基礎的な用語を理解されている方を読者対象としています。これらの前提知識がある方であれば、本書で学ぶだけでも、短期間での合格は勝ち取れると考えております。

ただし、AWSサービスの用語がこれからという方のためには、第9章の最後にAWSサービス用語集を付けておりますので、この内容を理解されると良いでしょう。

※本書内でのAWSサービスの記述内容について

AWSのサービスは正式名称としては、Amazon Aurora、Amazon CloudWatch、AWS CloudTrailという名称が使われています。ただし、本書では紙面の都合上、AmazonおよびAWSは省略して、Aurora、CloudWatch、CloudTrailというように記載しています。正式な名称については、第9章のAWS

サービス用語集をご参照ください。

※**本書の記載について**

　本書では図、表を利用していますが、概要理解を優先しており、AWSサービスの記載やフローについて割愛している場合があります。そのため、AWSサービスの詳細を確認する際は、AWSの公式ページをご参照するようにお願いいたします。

　また、AWSサービスは常に新しいリリースがされます。そのため、最新のリリース情報についても同様に、AWSの公式ページをご確認ください。AWSの認定試験では、1年前くらいにリリースされた機能は出されるかもしれません。

Amazon
Web
Services

Chapter **2**

アソシエイト試験の解き方ガイド

この章では、アソシエイト試験の解き方をガイドします。アソシエイト試験は、試験ガイドの内容に従って、設計原則に従い学習し、正しく設問を読んでいくことで、合格にかなり近づくことができます。AWSに触れた方であれば、この章を理解するだけでも、半分は正解を取れると考えています。基礎知識があれば、ある原則に従って、それを組み合わせることによって解答に近づくと言えるからです。

Section 2-1 アソシエイト試験の出題傾向

出題傾向については、Amazonが配布している次のドキュメントが参考になります。

- 「Architecting for the Cloud: AWS Best Practices」ホワイトペーパー、2016年2月発行
- 「AWS Well-Architected」Webページ（様々なホワイトペーパーへのリンクあり）

いろいろなことをやらなくてもいいので、この2つの資料の考え方を元に解き方を理解することが大切です。AWS Well-Architectedについては、同じく秀和システムから出版している『一夜漬けAWS認定クラウドプラクティショナー試験直前対策テキスト』にもポイントをまとめておりますので、ご参考にしていただければと思います。

AWS認定試験は受験にあたって、守秘義務の遵守が必須であり、試験内容などを開示することは認められておりません。本書も試験内容は一切記述しておりません。

例えば、試験問題とその解答があって、それを丸暗記していたら、もしかしたら合格できるのかもしれません。ただ、それはAWSの技術習得はもちろん、試験対策としても意味がないと考えています。

つまり、問われていることは暗記ではなくて、要件を読み取って、そこから最適なソリューションを選択することだからです。次のページ以降で、詳しく解説いたします。

アソシエイト試験で問われること

アソシエイト試験で問われる内容も、Amazonが提示しているAWS認定ソリューションアーキテクト–アソシエイト（SAA-C03）試験ガイドに示されています。それによると、次の内容が問われることになります。

- 現在のビジネス要件と将来予測されるニーズを満たすようにAWSのサービスを組み込んだソリューションズを設計する。
- 安全性、耐障害性、高パフォーマンス、コスト最適化を実現したアーキテクチャを設計する。
- 既存のソリューションズをレビューし、改善点を判断する。

①ビジネス要件と将来予測されるニーズ

試験の問題文では、ある企業や組織がケースとして出され、その顧客の現在のシステム状況が述べられるケースが多くあります。その現状を踏まえて、こうなりたいという要件が説明されます。

②安全性、耐障害性、高パフォーマンス、コスト最適化を実現したアーキテクチャ

これはWell-Architectedフレームワーク（W-Aフレームワーク）のポイント（運用の優秀性、セキュリティ、信頼性、パフォーマンス効率、コスト最適化）を指しています。

なお、Well-Architectedフレームワークは、実装可能であり、セキュアで、パフォーマンスが高く、障害耐性があって、コスト効率的なインフラストラクチャを構築するためのフレームワークです。

③既存のソリューションズをレビューし、改善点判断

この新たなソリューションが、解答の選択肢になるケースが多くあります。

このように、問題文の中で①顧客の要件と②アーキテクチャ設計原則の中の5つの柱のいくつかが述べられ、それに応じて③ライフサイクル全体を通じたベストプラクティスである解答を選択するというのが、設問の流れとなっています。

アーキテクチャ設計原則では、AWSのWell-Architectedの6つの柱のうち、特に以前からある5つについて見ていくことは大切です。

■運用上の優秀性

ビジネス価値を提供し、サポートのプロセスと手順を継続的に向上させるためにシステムを稼働およびモニタリングする能力（運用上の優秀性は全体アーキテクチャに関連する重要な原則ですが、SAA-C02の試験範囲からは優先順位が下がっています）。

■セキュリティ

リスク評価とリスク軽減の戦略を通してビジネスに価値をもたらす、情報、システム、アセットのセキュリティ保護機能。

■信頼性

インフラストラクチャやサービスの中断から復旧し、需要に適したコンピューティングリソースを動的に獲得し、誤設定や一時的なネットワークの問題といった中断の影響を緩和する能力。

■パフォーマンス効率

システムの要件を満たすためにコンピューティングリソースを効率的に使用し、要求の変化とテクノロジーの進化に対してもその効率性を維持する能力。

■コスト最適化

最も低い価格でシステムを運用してビジネス価値を実現する能力。

問題の構成としては、この5点のどれかに適したものを1つ選ぶというものではなく、複数の要件を元にして、その複数要件を充足するものをベストプラクティスとして選択するような設問になります。

例えば、単純に「パフォーマンスが良いものを選ぶ」ということであれば一番性

能が良いものを選べば良いのですが、試験では「ある顧客の要件の中で、コストが低く、最もパフォーマンス効率が高いものを選ぶ」といった複数の要件が組み合わされた設問がされます。

そのため、顧客の複数の要件を考慮して、最適なアーキテクチャ設計を考えることに、普段から慣れておくことが大切になります。

それではアソシエイトの問題例を見ていきましょう。

◉ アソシエイト試験問題例

ソリューションアーキテクトは、①ECサイトを設計しています。ここでは、ALBの背後にEC2インスタンスをVPC内に配置し、複数のアベイラビリティゾーンにわたるAuto Scalingグループで実行されます。①まずアプリケーション層はデータベース層に接続する必要があります。①しかしインターネットからはデータベースにアクセスできないようにする必要がありますが、①データベースはインターネットからソフトウェアパッチを取得できる必要があります。

②これらの要件を充足するVPCの設計は次のうち、どれになりますか。

A. パブリックサブネットにアプリケーション層とデータベース層を配置

B. パブリックサブネットにアプリケーション層、プライベートサブネットにデータベース層を設置

C. パブリックサブネットにアプリケーション層とNATゲートウェイ、プライベートサブネットにデータベース層を設置③

D. パブリックサブネットにアプリケーション層、プライベートサブネットにデータベース層とNATゲートウェイを設置

この問題の正解はCになりますが、下線を引いたところが、問題文の中でも、ポイントになる部分です。

特に問題文の中から、①の複数の顧客要件を見つけることが大切になります。よく見ると、多くは「〜する必要があります」という文章になっています。これらが要件ですので見逃さないことが大切です。

アソシエイト試験の出題形式

AWS認定ソリューションアーキテクト–アソシエイト（SAA-C03）試験ガイドの「回答タイプ」という項目で、出題形式が次のように書かれています。

試験の質問には以下の2種類があります。

- 選択問題：正しい回答が1つと、間違った回答（ディストラクタ）が3つあります。
- 複数回答：5つ以上のオプションのうち、正解が2つ以上あります。

文章を最も適切に完成するか、質問に答える1つ以上の回答を選択します。ディストラクタ、または間違った回答は、不完全な知識やスキルを持つ受験者が選択しがちな回答オプションです。ただし一般的には、試験のために定義されたコンテンツ分野に適した妥当な回答です。未回答の質問は不正解として採点されます。推測だという理由で減点されることはありません。

選択問題は4択の回答から選ぶため、問題文をよく読んで、まず顧客要件と全く違うと思われる2つの回答を除外することは意外にやさしいと思います。その後は2つに1つの選択になります。

このような選択問題に焦点を当てた戦略は可能ですが、複数回答の場合は、どのような対応をすべきでしょうか。簡単に申し上げると2つを選ぶという点にポイントがあります。そして3つは明らかに間違いが書かれているということです。当たり前のような説明になりますが、とても大事なことです。ある要件を満たす構成を考えた場合に、2つがセットになっていることを思い浮かべます。例えばAPI GatewayとLambdaとか。そうした構成はAWSではたくさんあります。ALBとECSもセットで理解すると良いものです。つまりセットになる構成があればそのセットで理解して、出題された要件と正しくマッチできるかを考えればアソシエイト試験の範囲としては対応可能と考えられます。

採点対象外の内容

もう一つ試験ガイドには、「採点対象外の内容」があると書かれています。

■採点対象外の内容

　試験には、スコアに影響しない採点対象外の設問が15問含まれています。AWSでは、これら採点対象外の設問における受験者の成績に関する情報を収集し、これらの設問を今後採点対象の設問として使用できるかどうかを評価します。試験では、どの設問が採点対象外かは受験者にわからないようになっています。

　これは、事前テスト(Pretest Questions)というものですが、通常、統計的な情報を集めるとしています。アメリカの公的なテスト基準としては、新しい問題を試す目的で使われているとも言われています。新しい問題として、それが適切な問題（ほとんどが正解、もしくはほとんどが不正解にならない、目的に応じた適切なばらつきがある問題）になっていることを確認し、以後の本試験で採点するための情報を得るためものです。

　AWSの場合、適切な問題とは、1年以上の経験者が多く正解になるような問題が、適切な問題なのかもしれません。

　つまり、そうして考えた場合、全く理解できないような問題が出てきたり、全く新しいサービス内容が出てきたりした場合は、事前テストとして考えて気にしない方が良いでしょう。

　逆に、サンプル問題に出ているような定番の問題は丁寧に解いていくことが大切でしょう。

Amazon
Web
Services

Chapter **3**

出題が予想される用語

この章では、クラウドで使用される用語でありながら、試験で出されると分かりにくい用語を説明します。クラウド関連では、一般には分からない用語や、正確に理解できない用語が多用されることがあります。初めてクラウドに関わる方が、言葉で躓く話も聞きます。前の章で述べたように問題文を正確につかむことが合格へのポイントであるため、これらの用語の意味は正しく押さえておきたいものです。

クラウドの用語

　試験は英語の訳であるため、日本語として意味が分からない用語が多々あります。これら用語については簡単な意味だけでも理解しておくことが解答の第一歩です。

■ アカウント

　サービスの利用にあたってログインするための権利。AWSの場合は請求される契約の主体。

■ アベイラビリティゾーン

　リージョン（東京リージョンなど）という地域の中、独立し異なる場所にある1つ以上のデータセンター。データセンターはコンピュータ、ストレージ、通信といったIT設備を設置運用する冗長化された施設。ただしこうした施設であっても全体障害発生の可能性は考慮し設計することが重要。

■ インスタンス

　仮想化の用語として、物理的なコンピュータ上で稼働する仮想的なサーバー。

■ エッジロケーション

　利用者から見て近くにあるデータセンターで、低レイテンシー（応答時間を短くする）実現の目的で利用。AWSではCloudFrontなどで利用される。

■ オンプレミス

　ITシステムを利用企業の設備内に設置し、自前で運用する形態で、サービスを借りて利用するクラウドとは対になる言葉。

■ クエリ

　データの検索や更新、削除、抽出などの要求をデータベース（DBMS）に送信す

ること。

■ コンテナ

仮想化の1つで、アプリケーション、ライブラリ、ミドルウェアなどをパッケージ化し、1つのOS上で、実行プロセスとして独立して稼働するもの。

■ サードパーティ製ツール

第三者の製品。AWS認定試験では、Amazon以外の会社が作ったツール。選択肢に出てきたらたいてい誤り。

■ シャード

DBの負荷分散のために、インデックスを分け、複数のノードに分散して格納したまとまり。

■ スケーリング

規模を拡大、縮小する処理。水平分散で台数を増やす処理をスケールアウト（縮小はスケールイン）、垂直に能力向上させる処理をスケールアップ（縮小はスケールダウン）という。

■ スナップショット

ある時点でのファイルやデータベースなどの状態を丸ごとコピーしたもの。

■ スループット

単位時間あたりに処理できる量。単位時間内に実行できる処理件数や、通信上の実効伝送量。

■ 静的コンテンツ

index.htmlなどのように、リクエストされたHTMLなどのデータを、サーバーのプログラムで処理などをせずにそのまま応答データとして送信する方式のWebページ。

■ デプロイ

開発工程の中で、開発したアプリケーションやサービスを利用できる状態にする

作業。

■ **トランザクション**

複数の処理を、業務上一連の処理としてまとめたもの。この一連の処理は途中で処理を分離することができない。ある業務における一管理単位。

■ **トリガ**

何らかのきっかけによって、動作すること。引き金となること。

■ **バージョニング**

同時に複数バージョンが存在できること。S3では同じバケット内で複数オブジェクトのバージョンを持たせることができる。これにより、意図しない削除から復旧可能。

■ **バケット**

S3の用語。S3にデータをアップロードするには、S3バケットを作成する必要あり。

■ **ピアリング**

VPCでの用語。2つのVPC間でプライベートなトラフィックを可能にするネットワーキング接続。

■ **フルマネージド**

インフラへの変更リクエスト、モニタリング、パッチ管理、セキュリティ、バックアップなどが自動化され、運用負担とリスクの削減が可能なサービス形態。

■ **プロビジョニング**

必要に応じたネットワークやコンピュータ設備等のリソースを予測して、準備すること。

■ **プロプライエタリ**

ある特定の開発元のソフトウェア製品（例えばWindows, Mac OS, Oracle DBなど）。オープンソースの反意語。

■ ヘルスチェック

システムなどの正常稼働を外部の別の機能から監視あるいは検査すること。ELBなどで実施。

■ ホストされる

間貸しする。ホスティングする。

■ リージョン

完全に独立して、地理的に離れた領域で構成されたAWSサービスを提供するエリア。リージョンの中に少なくとも2つ以上のアベイラビリティゾーンがある。

■ リスナー

ネットワークでは外部からの接続要求を待ち受けるプログラム。TCPのポート等で待ち受ける。

■ リファクタリング

プログラムの動作／振る舞いを変更せず、内部の設計やコードを見直し変更すること。

■ レガシーアプリケーション

現行のOSバージョンでサポートされていないアプリケーション。クラウドのオープン技術上で動作しないアプリケーションという文脈で使用される。

■ ローカルリポジトリ

ファイルやディレクトリの状態を記録する場所で、自分の手元のマシン上に配置しているもの。

■ ロードバランサー

サーバーにかかる負荷を、ある設定されたパターンによって振り分けるための装置。

■ ワークロード

OS、ミドルウェア、アプリケーションソフト、データ等、実行状態にあるソフトウェアの全体。

■ HDD (Hard Disk Drive)

ハードディスクドライブ。ディスクにデータを記録するもの。

■ DR (Disaster Recovery)

IT システムが自然災害等で深刻な被害を受けた時に、損害の軽減、回復・復旧すること。

■ NAT

ネットワークアドレス変換の1つ。プライベートIPアドレスをグローバルIPアドレスへ変換。プライベートからパブリックに出る時に必要。

■ RPO (Recovery Point Objective)

目標復旧時点。失われたデータを復元する際に、過去のどの時点まで遡ることを許容するかを表す目標値。

■ RTO (Recovery Time Objective)

目標復旧時間。業務が停止後、一定レベルに復旧するまでの目標時間。

■ SSD (Solid State Drive)

記憶媒体としてフラッシュメモリを用いるドライブ装置。

Section 3-2 要件について出題が予想される用語

　試験の中では、顧客の期待する要件が問われます。そのため要件に関する表現については、意味を取り違えないようにすることが大切です。

　ここでは、アーキテクチャ設計原則のうちの5つの柱に従って、「運用上の優秀性」「セキュリティ」「信頼性」「パフォーマンス効率」「コスト最適化」の試験におけるポイントについて解説します。

①運用の優秀性に関するもの

■管理作業の量を最小限

　インフラ管理の作業を最小化する文脈で問われることが多い。そのためマネージドサービスが選択の対象となる。

■メンテナンス量を抑える

　メンテナンス量を抑えるためには、何らかの自動化、マネージドサービスを想定している。

■アプリケーションコードの修正を避ける

　データベースエンジンの変更等によるアプリケーションコードの変更を避けるという意味。

■オーケストレーション

　オペレーションやプロセスの自動化を目指す意味で使われる。

②セキュリティに関するもの

■○○をセキュアな

　「○○をセキュアな方法で管理する」というように、例えばユーザーアクセスやファイルの管理など1つの具体的なセキュリティ要件の意味で使われる。

■ セキュリティを強化

既に実施しているセキュリティの設定をさらに強化する要件を意味している。

■ セキュリティ要件

複数のセキュリティ要件が述べられているケースがあるため、その全てを満たす必要がある。

③信頼性に関するもの

■ 高可用性（可用性を高く）

システム停止時間の最小化を目指すもの。マルチAZ、クロスリージョンでの対処が問われる。フォールトトレランス性とは異なることに注意が必要。

■ フォールトトレランス性

障害時においても、サービスの停止やパフォーマンスを落とさずに業務を継続させること。停止しても停止時間を最小化する「高可用性」とは異なる。

■ 単一障害点の除去

ある単一箇所が稼働しないと、システム全体が障害となる箇所をなくすこと。

④パフォーマンス効率に関するもの

■ 拡張性

システムの開始後に、大きな変更や影響を伴わないで、機能追加や性能向上を行えること。

■ 需要に応じてスケール

需要に応じて、リソースの増加や縮小が行えること。機会を逃さず、また無駄な費用をかけない。

■ 一貫性（Consistency）

トランザクション処理の開始と終了時にあらかじめ決められた整合性を保証する考え方。整合性が保証されない場合、処理は中断。RDBで実施。

■結果整合性（Eventual Consistency）

一貫性とは異なる考え方。処理の途中で厳密な整合性を保証されずとも、結果的にデータの整合性が保証される考え方。NoSQLで実施。DynamoDBでは2箇所が書き込まれたらOKとし、残り1箇所がそのうちに反映される状態で、読み込むことができるため、古いデータを読む可能性がある。読み込みスループットを最大化させることができる。

■強力な整合性（Strongly Consistent Reads）

NoSQLでの読み込み時の処理方法。成功したそれまでの書き込みが反映されたデータを読み込むこと。DynamoDBで設定可能。スキャン時このオプションにより、スキャン前に登録、変更された値は確実に読み取ることができるが、ネットワーク遅延等で利用できなくなる可能性あり。読み込みスループットは落ちる。

⑤コスト最適化に関するもの

■費用対効果の高い

ITの導入や運用で発生するコストと得られる効果を金額ベースで比較したもの。

■コスト低減

ITの導入や運用のコストを低減するもの。他の要件と合わせた中でコスト低減を問われことが多い。

Chapter **4**

アーキテクチャ
ベストプラクティスの設計原理

アソシエイト試験では、顧客の要件に基づき、Well-Architectedフレームワーク
の5つの柱に対応するサービスを正しく選ぶことが大切です。この5つの柱を正
しく考えるために、具体的な設計原則が書かれたものとして、「AWSベストプラ
クティス」があります。このAWSベストプラクティスの10個の設計原理も、とて
も重要です。本章では特に重要なAWSサービスに焦点を当てて、順番に10の設
計原則の内容を見ていきたいと思います。

4-1 スケーラビリティ

スケーラビリティはクラウドの特性を活かした設計原則の1つです。垂直スケーリングと水平スケーリングがあります。

垂直スケーリングは、高速なCPUにアップグレードするように、より大きなリソースや高速なリソースにサイズ変更することです。ただ垂直スケーリングは、最終的にはリソースの制限から費用対効果や可用性の高いアプローチではありません。

水平スケーリングは、リソースの数を増やすことです。これはクラウドらしい弾力性のあるアプローチですが、複数のリソースに分散させても大丈夫なデザインが必要になります。

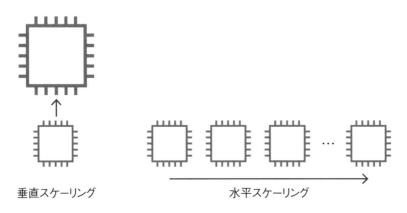

垂直スケーリング　　　　　　　水平スケーリング

スケーラビリティについての試験のポイントは、次の点が考えられます。

①問題の中で垂直スケーリングと水平スケーリングが出た時は、垂直スケーリングという選択肢は、ほとんどが不正解。
②水平スケーリングは負荷を複数のノードに分散することが必要になる。例えばインターネットから着信する要求を複数のEC2で分散したい時、ELBを使用。

スケーリングはクラウドでの重要なコンセプトですが、特に水平スケーリングはクラウドらしい設計をする上で重要です。

以下に、スケーラビリティに関して押さえておきたい用語を解説していきます。

◉ ステートレス

Point

システムが現在の状態（ステート）のデータを保持せず（レス）、外部から入力された内容によってのみ対応した出力が決まる方式。事前にサーバー等に状態を保持しないため、追加のサーバーが増えても、拡張が容易にできる。反対に水平スケーリングの時に「ステートフル」という用語が出た時は、正しくない解答と考えられる。

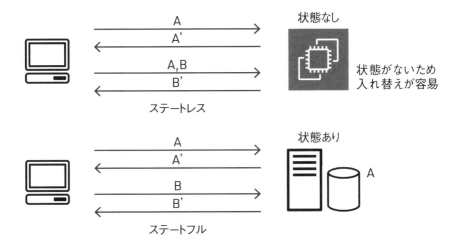

前後の状態に依存しないのがステートレスで、前後の状態を保持するのがステートフルです。複数のWebページへのアクセスで考えてみると良いです。

ステートレスの場合は、クライアント側からの送信内容Aをサーバー側では保持していないため、次にBを送る時も、BとともにAも再度送る必要があります。

ステートフルは、Aをサーバー側で保持しているため、Bを送る場合、Aを踏まえてBだけ送るようになります。

ステートフルの方が賢そうに見えますが、サーバーに状態を保持しているため、状態を保持するサーバーが障害になったり、別のサーバーに拡張したりといったケースでは、柔軟性がないのがネックです。

しかし複数Webページへのアクセス時、複数ページ間でデータを連携したい場合もあります。そうした場合、クライアント側ではCookie、サーバー側ではセッション情報という方法が取り得ます。

◉ スティッキーセッションの利用

⚡Point

アプリケーションによっては、同じクライアントからのリクエストを同じインスタンスに送信しなければならないケース、Cookieを利用してアプリケーションが動作するようなケースがある。CookieはPCやスマホに保存する情報。
ロードバランサーでは、こうした同じクライアントからのリクエストを毎回同一インスタンスに送信する機能をスティッキーセッションとして提供している。

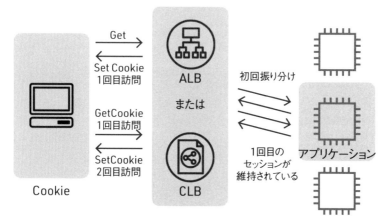

ALBまたはCLBのスティッキーセッション機能「アプリケーションのCookieに従う」

　このケースは、ALBまたはCLBというロードバランサーの機能で実現します。ALBやCLBのスティッキーセッション機能の中の「アプリケーションのCookieに従う」という設定で可能になります。オンプレミスからAWSに移行する際に、従来のアプリケーションをなるべく修正したくない場合などにこの方式を取ります。スティッキーセッションとしては、同一インスタンスと任意の有効期限を指定する方法も選択可能です。

　CookieはID、パスワードなどWebに入力した情報を保存し、再利用できますが、クライアント側で改ざんも可能なため、セキュリティ認証の用途へは避けるべきです。

◉ セッション情報の保管

🔍Point

セッション情報をEC2などのサーバーに保管すると「ステートフル」になってしまいスケーラビリティがなくなるため、これを回避する方法として、ElastiCache（もしくはDynamoDB）にセッション情報を保存するシナリオがある。

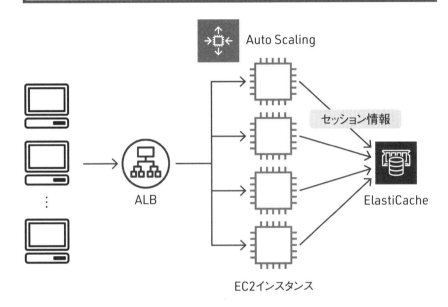

EC2インスタンス

　上の図のように、セッション情報をElastiCache（もしくはDynamoDB）に保存することによって、EC2インスタンスがAuto Scalingによって追加や削減をしても、セッション情報を保ったアプリケーションが可能になります。Cookieがクライアント側でのデータ保持の仕組みであるのに対し、セッション情報はサーバー側管理（ElastiCashe等）になります。クライアントにはセッションIDを提供するのみで、保持するデータはサーバー側に置きますので、セキュリティは高くなります。

⊙ALBとECS

🔍Point

ALBはレイア7で負荷分散するロードバランサー。このALBと対になるサーバー
側の接続相手としてコンテナが使われることが多い（ALBと直接EC2の接続も
もちろん大丈夫）。
Amazon ECS（Elastic Container Service）はAWSでコンテナを提供するサービ
スであるため、ALBとECSは合わせて理解するのが良い。

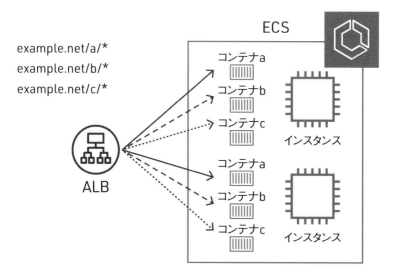

example.net/a/*
example.net/b/*
example.net/c/*

　上の図のようにECSによって、インスタンスにアプリケーションを乗せたコンテ
ナが配置できます。各コンテナはそれぞれパスを変えて振り分けています。これは
ALB（Application Load Balancer）のパスベースルーティングの機能によるもので
す。
　CLB（Classic Load Balancer）の時は1つのCLBで1つのアプリケーションでし
たので、複数のCLBが必要でした。それを1つのALBでまとめることで、ロードバ
ランサー使用料のコスト低減にも役立ちます。

◉特定の時間のトラフィック予測に基づくスケーリング

Point

業務アプリケーションの中には、営業時間中はアクセス頻度が上がるが、営業
時間を過ぎるとアクセスは低下するという特定の時間のトラフィック予測ができ
るものがある。こうした時には、Auto Scalingのスケーリングプランでも、「スケ
ジュールスケーリング」を行うことで、特定の時間内に高まるトラフィックという
需要の要件に対応させることができる。

Auto Scalingは需要に対応し、自動的にインスタンスを増減させることができる
サービスです。ここでは、EC2インスタンスの最小数、最大数やポリシーを決めて、
需要に応じて増減するEC2のAuto Scalingを例にしていますが、Auto Scalingの
対象にはECS、DynamoDB、Auroraもあります。Auto Scalingでは、需要のケー
スに応じた「スケーリングプラン」を選択することができます。

スケーリングプラン	需要のケース
手動スケーリング	バッチ処理など一時的な高負荷が予想される時
ターゲットトラッキングス ケーリング	CPU使用率などの特定のターゲット値を一定に保つよう にインスタンスを増減させる時
ステップスケーリング	アラームの段階を定義して、段階的にインスタンスを増減 させる時
シンプルスケーリング	1つのしきい値に基づいてインスタンスを増減させる時
スケジュールスケーリング	営業時間中といった特定の時間にアクセス頻度が上がる という予測ができる時

「営業時間中」や「業務時間中」にスケーリングするといった場合、上記の需要の
ケースでは、「スケジュールスケーリング」になります。他のスケーリングプランも需
要のケースを理解してください。

固定のサーバーではなく
使い捨て可能なリソース

AWSでは従来のオンプレミスのような固定サーバーではなく、動的にプロビジョニングされたサーバーをサービスとして利用します。そのため、固定されたサーバーとは異なり、必要な数だけ起動し、また必要な時間だけ使用されます。

こうしたリソースは、手動でセットアップする必要はありません。人為的なミスを起こさないためにも、自動化され繰り返し実施可能なプロセスとしてセットアップされる必要があり、こうした自動セットアップがベストプラクティスになります。

自動セットアップには、ブートストラップ、ゴールデンイメージ、コンテナといったアプローチがあります。

ブートストラップは起動時にCloudFormationなどでスクリプトを実行し環境構築するものです。

ゴールデンイメージは、EC2やRDSやEBSなどリソースのある時点のスナップショットを取り、それを再起動させることで環境構築するものです。これにはAmazon Machine Image（AMI）を使って、新しいEC2インスタンスを起動する時などに利用するものが一般的です。

コンテナは、Dockerに代表されるもので、ソフトウェアの実行に必要な全てのもの（コード、ランタイム、システムツール、システムライブラリなど）をDockerイメージとしてパッケージ化するものであり、容易な構成管理と自動化を可能にします。

アプローチ	AWS利用可能サービス
ブートストラップ	CloudFormation, OpsWorks (Chef, Puppet)
ゴールデンイメージ	Amazon Machine Image (AMI), VM Import/Export
コンテナ	Elastic Beanstalk, ECS, Fargate, EKS

以下に、使い捨て可能なリソースに関して押さえておきたい用語を解説していきます。

⊙ Service Auto Scaling

Point

Application Auto Scalingの1機能にサービスを増減できるService Auto Scaling
がある。特にECSのコンテナ上のサービスを自動スケールする機能は重要。
まずAuto Scaling Groupで2つ以上のアベイラビリティゾーンにまたがるEC2イ
ンスタンスをECS Clusterとして作成し、Cluster上にECS Serviceを設定。そして
指定したメトリックスにより増減するようにCloudWatch Alarmを設定。希望す
るTaskの数とその最小・最大数を選択し、次にScaling Policyを作成すると、
後はService Auto Scalingがアベイラビリティゾーンを意識して自動的に分散さ
せてコンテナ上のTaskとしてサービスを稼働する。

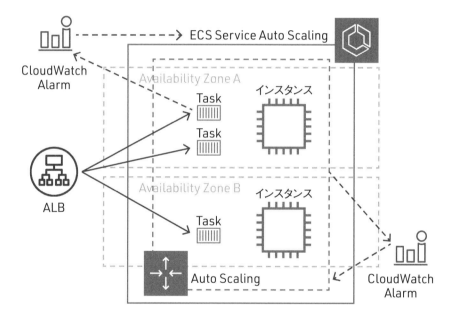

　インスタンスの増減は通常のAuto Scalingが実施し、コンテナ上のタスクの増減
は、ECSのService Auto Scalingが実施します。

◉ Elastic Beanstalk で Docker 使用

Point
Elastic Beanstalk環境でDockerを使用することによって、プロビジョニング、負荷分散、スケーリング、およびアプリケーションの詳細な監視が可能になる。Dockerコンテナには全ての設定情報とWebアプリケーションが実行するためのソフトウェアが含まれているため、Webアプリケーションのデプロイと保守に時間がかからない。

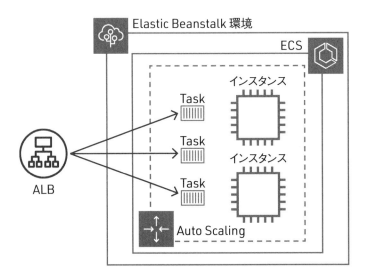

　Elastic Beanstalk対応のDockerには、単一のコンテナとマルチコンテナがあります。

　単一コンテナは、インスタンス毎に1つのコンテナを実行する必要がある場合にのみ使用します。

　マルチコンテナDockerは上の図のようにECSを使用して、Elastic Beanstalkでの複数のDockerコンテナを持つECSクラスターへのデプロイになります。マルチコンテナでは、可用性を高められます。

自動化

従来のITインフラでは、設定などのイベントを実行する場合、手動で対応する必要がありました。一方AWSでは様々な自動化の機能があります。この機能によりシステムの安定性と組織の効率化が図れます。

自動化のタイプには、以下のものがあります。

■ サーバーレスの管理と展開

サーバーレスを採用する場合、運用の焦点はアプリケーションのデプロイメントパイプラインの自動化になる。CodePipeline, CodeBuild, CodeDeploy がサポート。

■ インフラストラクチャの管理と展開

Webアプリケーションサーバーの自動展開はElastic Beanstalk。EC2インスタンスの自動回復はAuto Recovery。ソフトウェアインベントリを自動的に収集し、WindowsおよびLinuxのOSパッチを適用したシステムイメージの作成はSystems Manager。アプリケーションの可用性を維持し定義した条件に応じてEC2、DynamoDB、ECS、EKSのキャパシティの自動増減はAuto Scalingが利用できる。

■ アラームとイベント

自動化のためのアラームとしてCloudWatch Alarmがある。CloudWatch Metricsのしきい値を超えた場合にアラームを送信することができる。自動化イベントとして、EventBridge（CloudWatch Events）はAWSサービスの変更などのイベントを元にLambda関数、Kinesisストリーム、SNSトピックなどを起動することができる。またWAFはWebファイアウォールによるセキュリティの自動化が可能。

各タイプの自動化について、1つ以上をアプリケーションアーキテクチャに導入して、より高い復元力、スケーラビリティ、およびパフォーマンスを確保することがベストプラクティスです。

また、上記に限らず、手動と自動が混在するような出題の場合は、AWSのベストプラクティスに沿って、できるだけ自動化された手法が正解になります。

以下に、自動化に関して押さえておきたい用語を解説していきます。

◉WAFによる攻撃元IPの遮断

🔍Point

WAFでは、IP一致条件を設定して、既知の不正なIPアドレスからの攻撃を防御することができる。IP一致条件には、リクエストの送信元のIPアドレスもしくはIPアドレス範囲を10,000件までリストアップすることができる。

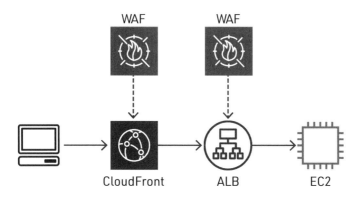

WAF（Web Application Firewall）はその名の通り、Webアプリケーションをセキュリティ上のさまざまな攻撃から守るためのサービスです。ここでは攻撃元のIPを遮断することで、そのIPアドレスから防御することを示していますが、特定のIPのみアクセス可能にするような設定もWAFで可能です。

WAFが対応しているAWSリソースはCloudFrontとALBになります。CloudFrontでのWAFの設定では、許可されたIPのみ通すようにします。またALBでは、CloudFront経由からのアクセスのみ通すようにします。

こうしたことから、EC2に対して制限をかけるならばALBの利用は必要になります。

◉ Lambda関数をトリガするのは、EventBridge(CloudWatch Events)

💡Point

CloudWatchはAWSサービスのモニタリングをするサービス。このCloudWatch
には、イベント、メトリックス、アラーム、ログ、ダッシュボードといった各サービ
スがある。その中でLambda関数をトリガするものにEventBridge(CloudWatch
Events)がある。

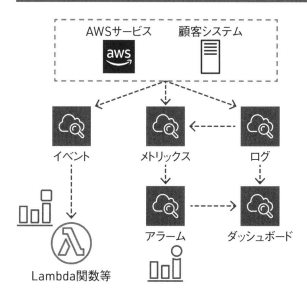

上の図はCloudWatchの各サービスになります。

イベントはリソース変更のイベントに応答しアクション実行のトリガとなるサービ
スです。イベントソースとしては、EC2、Auto Scaling、GuardDutyなど多くのAWS
サービスがあるとともに、時刻（Time Base）もイベントソースになります。

メトリックスは、ある期間の統計的な測定値を収集するもので、ログからも収集し
ます。

またメトリックスのしきい値を監視するのがアラームになります。

AWSサービス，顧客システムのログを監視、保存、アクセスするのがログであ
り、ログ、アラームからコンソールとして監視するものがダッシュボードになります。

疎結合

アプリケーションの設計にあたっては、複雑さを低減し、より小さく疎結合されたコンポーネントに分割することが重要です。この疎結合化によって、あるコンポーネントの変更や障害が他のコンポーネントに影響しないようするとともに、機能の追加やメンテナンスも容易にすることができます。

疎結合化の要素には、以下のものがあります。

■ 明確に定義されたインターフェース

システムの相互依存関係を減らす方法として、RESTful APIなどの特定のテクノロジーに依存しないインターフェースを介してのみ、様々なコンポーネントが相互にやり取りできるようにする。この設計パターンは、一般にマイクロサービスアーキテクチャと呼ばれる。Amazon API Gatewayは、開発者が任意の規模でAPIを簡単に作成、公開、保守、監視、および保護できるようにする完全に管理されたサービス。

■ 抽象化されたサービスを検出する

疎結合化には、ネットワークの詳細が分からなくても抽象化されたサービスを利用できることが重要であり、こうしたサービスを検出する仕組みとして、ロードバランサーのELBがある。またDNSサービスとしてRoute53がある。

■ 非同期統合

即時の応答を必要としない非同期統合も、疎結合の1つの方法。SQSキューの中間の耐久性のあるストレージレイヤー、SNSのメッセージ配信、Amazon Kinesisなどのストリーミングデータプラットフォーム、カスケードLambdaイベント、AWS Step FunctionsやAmazonSWFを通じて統合される。

上記のようなテクニックを使用して、できるだけアプリケーションの複雑さを低減することがベストプラクティスになります。

以下に、疎結合に関して押さえておきたい用語を解説していきます。

⦿ Amazon SNS と Amazon SQS

Point

両サービスともメッセージング機能。SNSは送信側からプッシュするメッセージングサービスで、SQSは受信側からポーリングするメッセージングサービス（次ページの図参照）。プッシュ配信のAmazon SNSとメッセージキューイングのAmazon SQSと覚える。

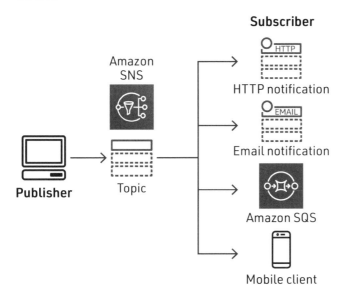

上の図は Amazon SNS の例です。

SNSでは送信側をパブリッシャー、受信側をサブスクライバーと言います。このようなデザインパターンをPub/Subと言ったりします。受け渡すメッセージはトピックと言います。

Amazon SNSトピックを使用すると、Amazon SQSキュー、AWS Lambda関数、およびHTTP/Sウェブフックを含む並列処理のために、メッセージを多数のAWSエンドポイントに一括送信することができます。こうした機能により、マイクロサービス化が可能になり、分散型システムやサーバーレスアプリケーションの分離を行うことができます。

◉ SQS スタンダードキューと FIFO キュー

Point

SQSには、デフォルトのキュータイプである「スタンダード」と、確実な順序付けや1回のみの処理を利用できる「FIFO（first in first out）キュー」がある。

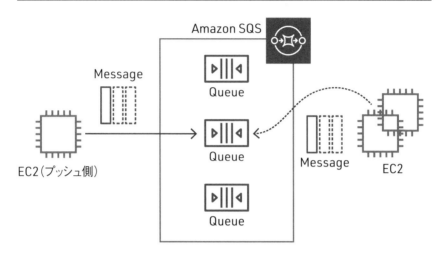

	スタンダード	FIFO
スループット	ほとんど無制限	デフォルトでは最大300トランザクション／秒
先入れ先出し	ベストエフォート	確実にFIFO
メッセージ回数	複数回になる場合もある	1回（重複不可）

　SQSのキューの選択にあたっては、顧客要件から、どちらを選択するかを理解しておく必要があります。例えばスループットとして1,000トランザクション／秒が必要である場合などは、スタンダードの選択が必要です。

◉ メッセージ駆動とイベントソーシング

⚡Point

SNSやSQSといったメッセージ駆動処理と同じ疎結合の処理としてイベントソーシングがある。イベントソーシングはアプリケーションの状態に対する全ての変更をイベントオブジェクトとして保存する。そのイベントオブジェクトを使って、次の処理を「発火」されることができる。例えば、S3にファイルが書き込まれたイベントを元に、Lambdaを発火されるような使用方法がある。

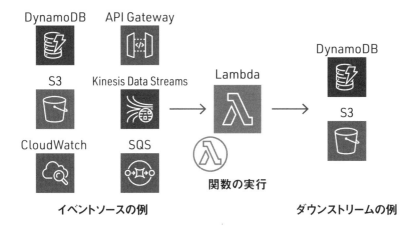

DynamoDB　API Gateway

S3　Kinesis Data Streams　Lambda

DynamoDB

CloudWatch　SQS

S3

関数の実行

イベントソースの例　　　　　　**ダウンストリームの例**

　上の図はLambda関数実行のイベントソーシングのイメージです。ユースケースは次のように数多くあり、機能のセットで理解することは、複数選択問題にも有効です。

- 画像がS3バケットに格納されたことをトリガにLambda関数が実行され、画像に透かしを挿入して、再度S3に格納する。
- ユーザーによって画像がS3アップロードされる度に、Lambda関数が実行され、メタデータを作成し、インデックスを付けてDynamoDBに格納する。
- API GatewayからのHTTPSリクエストによってLambda関数が実行されてDyanamoDBのデータを参照する。

◉ Kinesisによるストリーミング処理

🔍 Point

Kinesisは「ストリーミング」処理のプラットフォームサービス。ストリーミングとは、連続するデータを逐次処理をしていき、その処理をし続ける形式。Amazon Kinesisはフルマネージドでリアルタイムの大規模ストリーミング処理が可能。Kinesis Data Stream、Kinesis Data Firehoseなどいくつかのサービスがある。

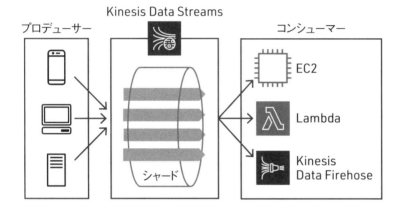

Kinesisで覚えておくことは、「ストリーミング」処理を行う点。そのユースケースとしては、大量な連続データの処理であるため、「ログ処理やログ分析」にも利用されている点。そして中核となるサービスが「Kinesis data Streams」である点です。

ストリーミングデータは、シャードという単位に分割されます。パフォーマンスを上げるためにはシャードを増やします。例えば、秒50,000件といった大量のデータでも蓄積できます。デフォルトのデータ蓄積期間は24時間です。また順序性を保って処理されます。

利用するサービス群をコンシューマーと言い、その中の1つにKinesis Data FirehoseというストリーミングデータをAmazon S3やAmazon Redshiftに簡単に配信するETLのようなサービスもあります。

サーバーではなくサービスの利用
（マネージドサービスの活用）

　今後クラウドの活用が広がるとますます「サーバーではなくサービス」としての利用が期待されます。従来型のオンプレミスでは、物理的なサーバー基盤からシステム全体の構築に至るまで、ハード、ソフトの調達やインストールが必要になります。AWSにおいても、EC2インスタンスにソフトウェアをインストールする構成のみでは、クラウド本来の開発生産性や運用効率を犠牲にしている可能性もあります。

　そこでマネージドサービスやサーバーレスを活用することで、よりクラウド本来の活用方法を目指す考え方を説明します。マネージドサービスでは、サーバーインフラの保守、運用はAWSに任せるため、容量、ハードディスク構成、性能、セキュリティパッチなど考慮が不要です。サービス例としては、以下のものがあります。

- コンテンツ配信ネットワーク（CDN）のAmazon CloudFront
- ロードバランシング用のELB
- NoSQL DBであるAmazon DynamoDB
- メールを送受信するためのAmazon SES

　一方、サーバーレスでは、運用上の多くの責任をAWSが持つことで、ユーザーはビジネスに集中し、俊敏性とイノベーションを強化することが可能です。サービス例としては、以下のものがあります。

- AWS Lambdaによる関数コードの実行
- Amazon API Gatewayによる同期API開発
- S3の静的コンテンツとAPI Gateway、Lambda、DynamoDBを組み合わせたWebアプリケーション
- Amazon Cognitoを使用したモバイルアプリやウェブアプリユーザー認証

　以上、Web、分析等のイベント駆動型サービスと同期サービスの両方を構築できます。

⦿ ELBの3つの種類

> **🔍Point**
>
> AWSのロードバランサーのサービスとしてELB（Elastic Load Balancer）がある。
> このELBにはALB、NLB、CLBと3つのタイプがある。CLBはVPC以前の古い
> 構成時のものであるため、ALBとNLB中心の理解が必要。

ALBはレイア7でHTTP、HTTPSを行う通信に適したロードバランサーです。
特徴としてはパスベース（http://example.com/a/*、http://example.com/b/*とい
うように/aや/bのパス）のルーティングが可能です。

NLBはレイア4/5をサポートし、戻りトラフィックはNLBを経由しないため、
ALBより比較的高いパフォーマンスが望めます。またクライアントからドメイン名で
はなく、IPアドレスで接続が必要な場合に、静的IPアドレスの設定が可能です。

	ALB（Application Load Balancer）	NLB（Network Load Balancer）	CLB（Classic Load Balancer）
プロトコル	HTTP, HTTPS（レイア7）	TCP/UDP（レイア4）, TLS（レイア5）	TCP, SSL/TLS（レイア4/5）, HTTP, HTTPS（レイア7）
セキュリティグループ設定	あり（ポートでのアクセス制限可能）	なし	あり（ポートでのアクセス制限可能）
パスベースのルーティング	可	不可	不可
SSL Termination	HTTPS Termination	TLS Termination	SSL Termination
スティッキーセッション	可	不可	可
静的IPアドレス設定	不可	可	不可

◉ モバイルアプリとCognito

Point

モバイルアプリやWebアプリケーションでのユーザーのサインアップ／サインインおよびアクセスコントロールを可能にするものに、Amazon Cognitoがある。Cognitoは、Cognito IdentityとCognito Syncで構成されている。

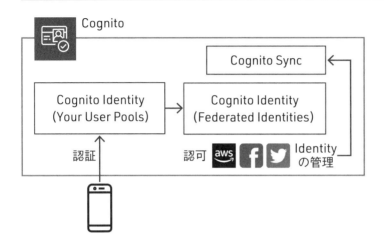

CognitoのCognito Identityでは、モバイルアプリからのユーザーの認証を行います。

実際にユーザーにサインアップ、サインイン、サインアウト（認証）するのはYour User Poolsというマネージドサービスです。ここでは数億ユーザーまでスケールできます。このユーザープールでは、昨今よく見かけるスマホへのショートメッセージサービス（SMS）を元にした多要素認証（MFA）を追加することもできます。

Cognito Identityのもう1つのマネージドサービスがFederated Identitiesです。ここでは一時的な許可を与えるTemporary Credentialsの払い出し（認可）を行います。また1人の人間が持つ複数のIDプロバイダー（AWS、Facebook、Twitterなど）のアカウント情報をIdentityとして管理する（フェデレーション）することができます。このIdentityを複数デバイス間で同期させるマネージドサービスがCognito Syncになります。

◉ シングルページアプリケーション（SPA）

🔍Point

S3の静的コンテンツとAPI Gateway、Lambda、DynamoDBでの動的コンテンツを組み合わせたWebアプリケーション。

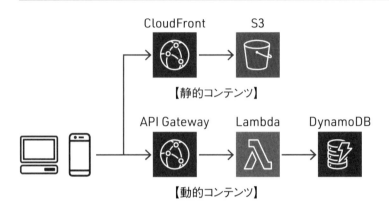

　シングルページアプリケーション（SPA）とは毎回サーバー側に通信してHTMLを生成し取得する方式ではなく、一度取得した単一のWebページから、必要なデータだけをサーバーに要求するようなWebアプリケーションの名称です。この方式では、ページ遷移の度にHTMLをサーバーから取得することはせずに、最初に取得した単一のWebページのコンテンツを切り替えるだけです。そのため、ネイティブアプリに近い表現が可能になり、応答も早いアプリが可能になります。

　AWSでのSPAの構成では、まず単一のWebページを静的コンテンツとしてS3に配置します。Webページの最初の取得時間を短縮するためにコンテンツデリバリーネットワーク（CDN）であるCloudFrontを配置します。さらにデータは単一のWebページからAPIのリクエストによってデータを取得するので、そのためにAPI Gateway、Lambda、DynamoDBといった構成を配置します。

　AWSの構成としてもEC2といったサーバーインスタンスを持たず、APIからのイベント駆動によるLambdaの課金になるため、より安価な運用が可能になります。

データベースの使い分け

AWSでは、オープンソースのコストで、マネージドデータベースサービスを提供しています。それぞれのアプリケーションに適したデータベーステクノロジーを選択していくことが重要です。ここではリレーショナルデータベース、NoSQLデータベース、データウェアハウスの3つのマネージドサービスを取り上げます。

■ リレーショナルデータベース

行と列で構成されるテーブルで表現され、強力なクエリ言語、強力な整合性の制御ができるDB。

Amazon RDSはセットアップ、運用、スケーリングが容易でデータベースエンジンをAurora、MySQL、MariaDB、Oracle、Microsoft SQL Server、PostgreSQLの6種類のエンジンから選択できる。

■ NoSQLデータベース

NoSQLデータベースは、リレーショナルデータベース以外のものを指し、グラフ、キーとバリューのペア、JSONドキュメントなどのデータモデルがある。

DynamoDBは1桁ミリ秒のレイテンシーを必要とするアプリケーション向けのDBで、開発生産性の高い柔軟なNoSQL DB。ドキュメントモデルとキーバリューストアモデルの両方をサポートする。

■ データウェアハウス

データウェアハウスは、大量データの分析とレポート用に最適化された特殊用途のリレーショナルデータベース。

従来、データウェアハウスのセットアップ、実行、スケーリングは複雑で費用がかかったが、Redshiftは従来の10分の1未満のコストで動作するように設計されたマネージドデータウェアハウスサービスとなる。

以下に、データベースの使い分けに関して押さえておきたい用語を解説していきます。

◉ Amazon RDS のリードレプリカ

🔧 Point

ある本番環境のデータベースに対し、データ分析のためなどで、複雑なクエリを
リアルタイムで実行しているような場合、本番環境のトランザクションへの影響
が懸念される。
こうした場合、データ分析用にリードレプリカを設定し、本番トランザクション系
のデータベースと分離することはパフォーマンス上効果的であり、障害時はリー
ドレプリカをマスターに昇格させることにより耐久性も図れる。

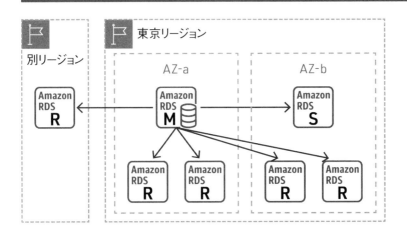

　Amazon RDSリードレプリカによって、1つのDBインスタンスを伸縮自在にス
ケールし、読み取り頻度の高いデータベースのワークロードを緩和できます。上の
図ではマスター（M）をソースDBとしてレプリカ（R）を複数作成し、全体の読み
込みスループットを向上させることができます。
　また別リージョンでのクロスリージョンレプリケーションも可能です。
　障害時にリードレプリカをスタンドアロンのDBインスタンスに昇格させること
も可能です（上の構成ではマスターDBとは別のAZにスタンバイDBを配置）。
リードレプリカはAmazon RDS for MySQL、MariaDB、PostgreSQL、Oracle、
Auroraで利用できます。

◉ DynamoDBの特徴

🔮Point

アプリケーションが拡張可能で柔軟性の高いデータベースを必要としている場合、DynamoDBは選択肢として検討できる。
一方、スキーマを非正規化できず、アプリケーションで結合あるいは複雑なトランザクションが必要な場合は、代わりにRDSを検討する。

Amazon DynamoDBはフルマネージドなNoSQLデータベースで、ストレージの容量制限のない高いスケーラビリティと低レイテンシーを実現します。3つのAZにレプリケーションするため高い可用性があります。大規模多人数参加型オンラインゲーム、リアルタイムの株価情報と売買などの大規模での利用が得意です。

DynamoDB関連の用語としては、以下を押さえておきましょう。

■ プロビジョンドスループット

DynamoDBへの新規テーブル作成の際、プロビジョンドスループットを指定する必要があります。DynamoDBではReadとWriteを分けてスループット要件を満たすリソースを予約します。

■ キャパシティユニット

スループットの表現で、RCU（Read Capacity Units）、WCU（Write Capacity Units）がある。

■ キーバリューストア

キーと値のシンプルな構造のDBであること。

■ Partition KeyとSort Key、GSI（Global Secondary Index）

Partition Keyは単体もしくはSort Keyと合わせてもプライマリキーになる。
GSIはPartition Keyをまたいで検索を行う時のインデックス。

■ TTL（Time to Live）

テーブル項目の有効期限を設定し自動削除可。

■ Auto Scaling

フルマネージドでWCU、RCU、GSIに対する設定を管理。設定はターゲット使用率と上限、下限を設定するだけ。利用料は無料。

■ DynamoDB Streams

DynamoDBへの追加、更新、削除の変更履歴を保持しストリームとして24時間保持。

■ NoSQLデータベースが必要な理由

DynamoDBのようなNoSQLデータベースは、柔軟で高性能なデータベースであり、モバイル、ゲームといった最新のアプリケーションに用いられていると言われます。ただし大企業の基幹システムを担当されている方はあまりなじみがないかもしれません。そこで、こうしたNoSQLが必要な理由、もしくは優れている理由を説明します。

① 柔軟性

NoSQLのアプリケーションは一般に開発が楽です。テーブルやビューといったスキーマを最初に綿密に設計しなくても、シンブルに開発を着手でき、反復的に改善可能な柔軟なスキーマだからです。アジャイル開発に適しています。またNoSQLの柔軟なデータモデルは、半構造化データおよび非構造化データといったビックデータに最適です。従来型のアプリケーションだけでは企業の競争力が限定される中、いかにビックデータを活用し競争力を強化するかがテーマになる昨今、NoSQLの利用が求められています。

② スケーラビリティ

NoSQLは、例えばOracle DBのような垂直にスケールアップするものではなく、分散したサーバーをクラスターとして使用し、水平にスケールアウトする設計です。そのためクラウドでの相性が良いのです。

③ 優れた性能

規模が拡大しても10ミリ秒単位の低レイテンシを確保できる性能があります。またNoSQLのドキュメント型、キーバリュー型、グラフ型などの特定のデータモデルの場合、RDBの同様機能を比較すると高い性能が可能です。

④ 高い可用性

複数個所へのレプリケーション等、単一障害点を排除する設計をとれます。

◉ DynamoDB の結果整合性

> **🔧Point**
>
> Amazon DynamoDBはデフォルトで結果整合性モデルを採用している。ただし一部の処理に対しては、強い整合性モデルを使用可能。

DynamoDBのWriteとReadのそれぞれの処理方式は次の通りです。

■ <Write>

少なくとも2つのAZでの書き込み完了の確認が取れた時点でAck（肯定応答）を返す。

■ <Read>［結果整合性あり］

デフォルトとして、結果整合性のある読み込みになる。そのため、最新の書き込み結果が即時読み取り処理に反映されない可能性がある。少し時間が経ってから読み込みリクエストを繰り返すと、応答で最新のデータが返される。

■ <Read>［結果整合性なし／強い整合性］

GetItem、Query、Scanでは強い整合性のある読み込みオプションが指定可能。Consistent Readオプションをtrueに設定したリクエストをすることで、強い整合性のある読み込みを使用する。

グローバルセカンダリインデックス（GSI）では、強力な整合性のある読み込みはサポートされていない。

強い整合性のある読み込みでは、Readリクエストを受け取る前までのWriteが全て反映されたレスポンスを保証するため、古いデータを参照することなく、最新データを参照する。反面、スループットは結果整合性より落ちる。またCapacity Unitを2倍消費する。

● DynamoDBのバックアップとレプリケーション

🎇Point

DynamoDBはオンデマンドバックアップが可能。このバックアップと復元により、稼働中のアプリケーションのパフォーマンスを落とさず、可用性を確保することができる。
さらにDynamoDBでは複数のリージョンへ自動的にレプリケーション可能なテーブルを作成できる。これによりグローバルユーザー向けにスケールしたアプリケーションの構築や、ディザスターリカバリーの用途に活用できる。

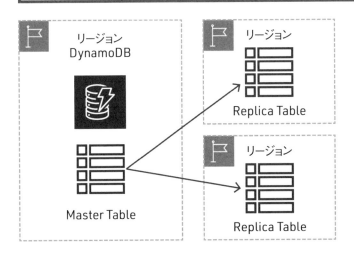

上の図は、DynamoDBのクロスリージョンレプリケーションを表したものです。DynamoDBのコネクタが、マスターテーブルからのDynamoDB Streamsのストリームデータから、更新されたデータを読み取り、他リージョンのレプリカテーブルにコピーし更新します。レプリカテーブルは複数に指定も可能です。

DynamoDBのオンラインバックアップも可用性を高めるための機能ですが、稼働している状態でパフォーマンスを低下させずに行えるため、非常に有効です。アソシエイト試験ではDynamoDBの重要度が高いため、一連の機能の理解は必要です。

◉ DynamoDB テーブルのキャパシティユニット

> **🔧Point**
> Amazon DynamoDB のキャパシティユニットを適切に設定することにより、トラフィックの増加に対応するとともに、費用対効果の高いデータベース構成が可能になる。

RCU（読み込みキャパシティユニット）、WCU（書き込みキャパシティユニット）をそれぞれ設定し、プロビジョニングすることができます。例えば、RCUを1000、WCUを500といった具合です。この値はオンライン中でも変更可能です。

■ RCU

- 1秒あたりの読み込み項目数×項目サイズ（4KBブロック）
- 結果整合性のある読み込みの場合、スループットは2倍
  - <計算例> 項目サイズ2KB/4KB＝0.5→繰り上げ1
    読み込み回数1000/秒
    1000×1＝1000RCU

■ WCU

- 1秒あたりの書き込み項目数×項目サイズ（1KBブロック）
- 1KB未満の場合は繰り上げ
  - <計算例> 項目サイズ2.1KB/1KB＝2.1→繰り上げ3
    書き込み回数1000/秒
    1000×3＝3000WCU

この計算に従い、DynamoDBのキャパシティユニットを適切に設定することにより、トラフィックの増加に対応するとともに、費用対効果の高い設定が可能になります。なお、昨今はDynamoDBへのAuto Scaling（前述）があるので、厳密な計算は不要になっていきています。

◉ Aurora のエンドポイント

> **🔍 Point**
> Auroraは、MySQLやPostgreSQLベースにAWS独自開発されたRDSのマネージドサービス。他RDSと構成は異なり、3つのAZに2つずつ合計6つのデータのコピーを持つ。またAuroraはクラスター構成を取っており、そこでエンドポイントを4つ持つ。エンドポイントはホスト名とポートを含むAurora固有のURLであり接続先になるもの（Custom Endpointは任意設定。下図はイメージ）。

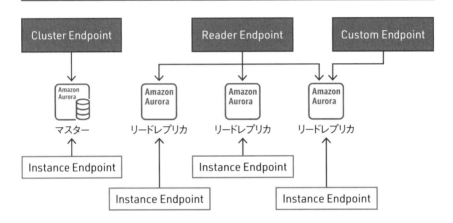

① Cluster Endpoint
　現在のマスターのDBインスタンスに接続するエンドポイントです。書き込み(Writer)ができる唯一のエンドポイント。なお読み取りでも使用可。

② Reader Endpoint
　Auroraのリードレプリカに接続する読み取り専用のエンドポイント。複数レプリカがある際は、ロードバランシングして接続します。Auroraではマスターが障害の際はレプリカが昇格してマスター(Writer)になります。

③ Custom Endpoint
　任意の用途で設定するエンドポイント。ロードバランシングして接続します。読み取り専用や書き込み用とは異なる基準としてDB接続できるため、例えば分析用に特化し処理を分散をさせるなどのメリットあり。

④ Instance Endpoint
　クラスター内の特定DBインスタンスに接続し直接制御を提供するもの。

◉大量データの分析用DBのRedshift

Point

データウェアハウスは、大量データの分析とレポート用に最適化されたリレーショナルデータベース。Redshiftは、従来のソリューションの10分の1未満のコストで動作するマネージドサービス。

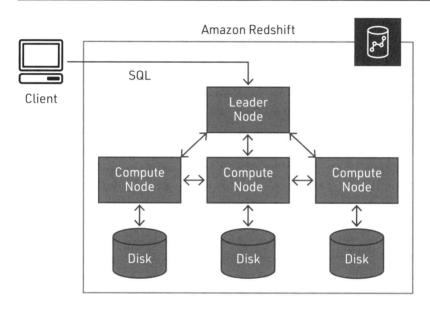

Redshiftは現在、世界最高速なデータウェアハウスと言われます。超並列処理（MPP）することによって性能を上げています。これは上の図のように、リーダーノードがクライアントからSQLを受け取ると、ディスクとノードがセットでスケールできる仕組みがあるからです（このリーダーノードは先のAuroraのリーダーエンドポイントのリーダーとは違いLeaderという意味）。

なお、1テラバイトあたり年間1,000USD以下という高い費用対効果で、ペタバイト規模にもスケールアップできる拡張性があります。

◉ Redshift の DR 戦略

🔍Point
他のリージョンに対するクロスリージョンスナップショットを構築できる。

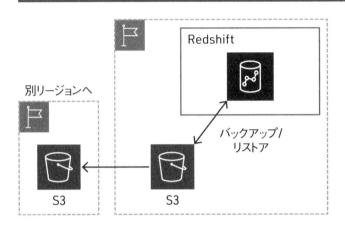

データはS3にも継続的にバックアップされます。Amazon Redshiftはクラスターの状態を継続的に監視し、故障したドライブからデータを自動的に再作製して、必要に応じノードを置き換えます。

S3のスナップショットは8時間毎、またはノードあたり5GBに相当するデータ量の変更毎に自動的に作成されます。

クロスリージョンスナップショットを有効にすると、リージョン間でより高速なスナップショットのコピーが可能です。増分の変更が、セカンダリもしくはDRリージョンにコピーされるため、Redshiftクラスターを別のリージョンで復元することができます。リージョン間でのスナップショットコピーのパフォーマンスは改善されており、最大40,000MB/秒の転送速度が確認されています。

単一障害点の排除

高可用性システムでは、アーキテクチャの全レイヤーでの自動リカバリーの検討が必要になります。そこで大切な考え方が単一障害点の排除です。1つの障害によって、システムが停止してしまう箇所をなくす考え方です。例えば、同一タスクに複数のEC2インスタンスなどのリソースを割り当てるというような方法です。

冗長化にはスタンバイ冗長化またはアクティブ冗長化があります。

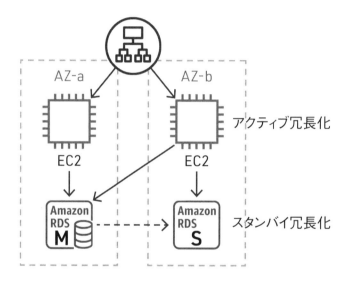

■ スタンバイ冗長化

リソースに障害が発生するとフェイルオーバーし、セカンダリ機能が回復するもの。セカンダリ機能回復まで時間を要する。RDBなどのステートフルコンポーネントによく使用される。

サービス例には、RDSがある。

■ アクティブ冗長化

複数の冗長化されたコンピューティングリソースに分散されるため、1つが失敗しても、残りのリソースでワークロードの大部分を吸収する。

サービス例には、EC2がある。

　これらのリソースのリカバリーに向けては、アプリケーションに適切なヘルスチェックの設定が重要です。典型的な3層アプリケーションでは、ELBのヘルスチェックを構成します。

　以下に、単一障害点の排除に関して押さえておきたい用語を解説していきます。

■【閑話休題】単一障害点の排除とブロックチェーン

　AWSにもブロックチェーンについてはAmazon Managed BlockchainやQLDBというサービスがありますが、そもそもブロックチェーンの卓越性については、単一障害点の排除の観点からも考えることができます（Amazon Managed Blockchainはアソシエイトの試験範囲外です）。

　2008年に投稿されたサトシナカモトのビットコインの論文を端緒とする分散台帳技術として有名ですが、Peer to Peerで取引を行い、中心を持たないシステムでもあるため、信頼できる中央集権システムが不要であるとしています。現代の銀行システムにしてもカードシステムにしても、非常に高い可用性を持っていますが、サトシナカモトのブロックチェーンにおいては、そもそもそんな中央のシステムは不要であるとしました。何らかの中央のシステムがあれば、例え設置されたビルや地域が、複数の箇所に分散されていても、それらを狙って複数のミサイルが撃ち込まれれば、復旧は困難になります。AWSのシステムも所在を明かしていないのはそうしたリスクへの対処もあるのでしょう。クラウドは結局のところナカモトのいう中央集権システムなのですから。

　ブロックチェーンにおいては、書き込まれたデータは中央のシステムで管理せず、原理的には参加者全員が持ち、データの取引履歴は全員が知ることができる。全員が保持しているため、単一障害点などないシステム。管理主体であるクラウドも銀行も政府も不要であり、参加者全員による民主化された世界が実現するといった感じです。このように単一障害点の排除の観点からも、ブロックチェーンは、とてもクールで破壊的な文脈で登場してきたものであることがわかります。

◉AZをまたいだEC2のフォールトトレランス性の維持

> **Point**
>
> フォールトトレランス要件は、高可用性要件と異なる。障害時に自動回復するだけではなく、ある一定以上のパフォーマンスでサービスを継続させることが必要になる。そのため、EC2インスタンスのケースでは、マルチAZで稼働するインスタンスのうち、1つのAZが使用不能な場合でも、必要なサービスを継続されるだけのインスタンスが必要になる。

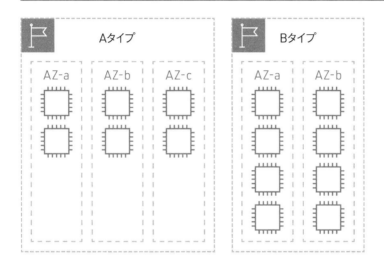

　例えば、あるアプリケーションでEC2インスタンスを常に4個は必要とすることが、フォールトトレランス要件として求められているとします。そうした場合、上の図のようにAタイプ、BタイプのどちらのAZ構成でも、1つのアベイラビリティゾーンが使用不能になっても、最低4個のEC2インスタンスは稼働できます。

　しかし、この場合、どちらの方が費用対効果は高いと言うとAタイプになります。つまりAタイプは普段は6個のインスタンスで良いところが、Bタイプは普段8個のインスタンスが必要となるからです。

　このようにフォールトトレランス性を求めるとともに、現実的にはコストを低減させる設計が重要になります。

⊙ EC2のDBからRDSマネージドサービス利用

> **☀Point**
> EC2インスタンスにMySQLなどのRDBをインストールする構成から、RDS for
> MySQLといったマネージドサービスを利用することで、様々なメリットがある。

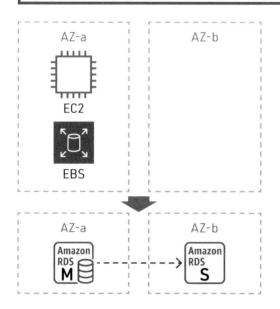

　上の図の上段のイメージのように、EC2とEBSという構成で、MySQLをEBSに
インストールしている構成の時には、様々な検討が必要です。冗長化（アクティブ−
スタンバイ）の構成をセットアップする必要があるだけでなく、バックアップ、リスト
アなどの運用上の対応もあります。

　下段のように、マルチAZ構成のRDSのマネージドサービスに変更することに
よって、設定や運用の負荷を抑えるだけでなく、同じMySQLであるため、アプリ
ケーションの修正を最小限にしつつ、高可用性を実現することができます。

◉ Route53のルーティングポリシー

> **🔍Point**
>
> Route53はAWSが提供する権威DNSサービス。DNSはドメイン名をIPアドレスに変換するインターネットの電話帳とも言えるもの。ここでは、ルーティングポリシーについて押さえておく。

■ シンプル（Simple）

事前に定義された値のみに基づいて応答する静的なルーティング。

■ 加重（Weighted）

ラウンドロビンとも。複数のエンドポイント毎の重みを計算して、DNSクエリに応答する。このため重み付けの高いエンドポイントにより多くルーティングする。

■ 遅延／レイテンシー（Latency）

レイテンシーが最も低いAWSリージョンに基づいて、DNSクエリに応答する。リージョンの遅延が少ない方のリージョンへルーティングする。

■ フェイルオーバー（Failover）

ヘルスチェックの結果に基づいて、利用可能なリソースをDNSクエリに応答する。利用可能なリソースのみにルーティングする。

■ 位置情報（Geolocation）

クライアントの位置情報に基づいて、DNSクエリに応答する。特定地域、国からのDNSクエリに対して特定のアドレスに応答する。

■ 地理的近接性ルーティングポリシー（Geoproximity）

ユーザーとウェブサイト等の物理的な距離に基づいてルーティングする。

■ 複数値回答（Multivalued Answer）

ランダムに選ばれた最大8つの正常なレコードを利用して、DNSクエリに対して応答する。

◉NATゲートウェイの配置

🔍Point

NATはネットワークアドレス変換の1つで、プライベートIPアドレスから、グローバルIPアドレスへ変換する機能。AWSのマネージドサービスとしてこの機能を持つのがNATゲートウェイ。単一障害点を排除するために、NATゲートウェイは、それぞれのAZに必要。

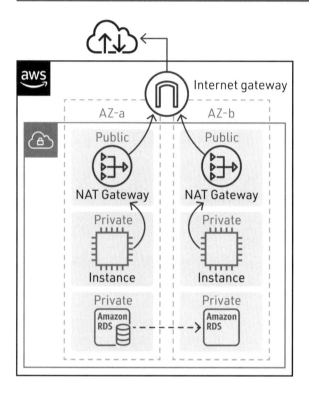

　上の図のように、単一障害点を排除した構成において、各AZに配置されたそれぞれのプライベートサブネットのインスタンスからインターネットに出る場合は、それぞれのAZのパブリックサブネットにNATゲートウェイが必要です。現在ではNATインスタンスはユーザーによる管理が必要なため、推奨されません。

コストの最適化

Section 4-8

　既存のアーキテクチャをクラウドに移行すると、AWSの規模の経済の結果として、コスト削減を促進できます。より多くのAWS機能を繰り返し使用することで、さらにコスト最適化されたクラウドアーキテクチャを実現できます。

　コスト最適化方針には、以下のものがあります。

■ リソースタイプの選択によるコスト最適化

　AWSサービスでは、幅広いリソースタイプを提供しているため、要件にあった最も安価なタイプを選択することが重要。EC2、RDS、Redshiftなどは多くのインスタンスタイプを用意し、EBSはボリュームタイプを用意している。

■ プラットフォームの弾力性の利用

　可能な限り複数のEC2ならAuto Scalingを実装する。これにより必要に応じてスケールアウトし、不要になったらスケールインすることで、コストを自動的に削減できる。

　また、キャパシティを事前決定する必要のないAWSマネージドサービス（ELB、CloudFront、SQS、Kinesis Firehose、Lambda、SES、EFSなど）への置き換えや、必要に応じて容量を簡単に変更できるようにするなど（DynamoDB、RDSなど）の検討をする。

■ 購入オプションによるコスト最適化

　購入オプションは機能でなく契約形態。EC2のリザーブドインスタンスを使用すると、オンデマンドインスタンスの価格設定と比較して大幅に割引された時間料金と引き換えにEC2の長期予約をできる。ワークロードが安定していない場合は、スポットインスタンスの使用により、オンデマンド価格と比較して割引価格で利用できる。

　以下に、コストの最適化に関して押さえておきたい用語を解説していきます。

◉ EC2インスタンスの購入オプション

> **🔍Point**
> 起動するインスタンスに対して秒単位で購入する「オンデマンド」、1～3年の期間で常時使用するインスタンスを大幅割引で購入する「リザーブドインスタンス」、未使用のインスタンスを大幅割引で購入する「スポットインスタンス」など、ニーズに基づき選択する。

　ニーズに合わせた購入オプションの選択が重要です。購入オプションには、以下のものがあります。

■ オンデマンドインスタンス

　オンデマンドで購入可能で、起動、停止、休止、開始、再起動、または終了を決定可。running状態になっている秒数に対してのみ支払いが発生。

■ スタンダードリザーブドインスタンス

　1年および3年のコミットメント期間。前払い／一部前払い／前払いなしの支払いオプション、リージョナル／ゾーンというスコープの違い、共有／専有というテナンシーの違いなどあり。

■ コンバーチブルリザーブドインスタンス

　スタンダードRIより割引は少ないが別の属性のコンバーティブルRIと交換可能。

■ スポットインスタンス

　アプリケーションを実行する時間に柔軟性がある場合や、アプリケーションを中断できる場合に、費用効率の高い選択肢。データ分析、バッチジョブ、バックグラウンド処理に適する。

■ Savings Plans

　1年または3年の期間で特定の使用量（USD/時間で測定）により購入するプラン。Compute Savings Plans、EC2 Instance Savings Plans等がある。Compute Savings PlansはLambdaやFargate全体の使用量に適用される。

⊙ EBSのボリュームタイプ

🔹Point

Amazon EBSではパフォーマンス特性と料金が異なるボリュームタイプが提供
され、アプリケーションのニーズに応じたストレージのパフォーマンスとコストが
選択できる。①I/Oサイズが小さく頻繁な読み取り／書き込みトランザクション
用に最適化されたSSDボリュームと、②大きなストリーミングワークロード用に
最適化されたHDDボリュームがあり、IOPSよりスループット（MB/秒単位で計
測）で見る。

EBSのボリュームタイプとしては次のものがあります（太字は特に注意）。

ボリューム タイプ	汎用SSD （gp2/gp3）	プロビジョン ドIOPS SSD （io1/io2）	スループット 最適化HDD （st1）	Cold HDD （sc1）
説明	**価格と性能のバランス重視**の汎用SSD	高パフォーマンスのSSD	高スループットで低コストのHDD	低コストのHDD
主な用途	システムブート、開発環境	RDBMSなどで**gp2がIOPS不足の時選択**	**DWH、大規模ログ分析など**	バックアップ、アーカイブなど
ボリュームサイズ	**1GB ～ 16TB**	4GB ～ 16TB	**125GB ～ 16TB**	125GB ～ 16TB
ボリュームあたり最大IOPS	16,000（16KiB I/O）	**64,000（16KiB I/O）**	500（1MiB I/O）	250（1MiB I/O）
ボリュームあたりの最大スループット	250MB/秒（gp2）、1000MB/秒（gp3）	1,000MB/秒	**500MB/秒**	250MB/秒
料金概要	**0.08USD/GB月**	0.125USD/GB月＋PIOPS料金	**0.045USD/GB月**	0.015USD/GB月

上記の表の料金概要はバージニア北部の参考例です。オプションにより変わります。

⊙S3のストレージクラス

🔍Point

S3はたくさんの種類（ストレージクラス）が提供されている。クラスの種類は、S3標準、S3 Intelligent-Tiering、S3標準-IA、S3 1ゾーン-IA、S3 Glacier、S3 Glacier Deep Archiveがある（Glacierというテープアーカイブも S3ファミリーだが、Glacierは次項で紹介）。

ストレージクラスとしては次のものがあります。

■ S3標準

高頻度アクセスの汎用ストレージ。データを少なくとも3つのAZに保存し、高い耐久性、可用性を提供。クラウドアプリケーション、動的なウェブサイト、コンテンツ配信、モバイルやゲームのアプリケーション、ビッグデータ分析など、幅広いユースケースあり。

■ S3 Intelligent-Tiering

パフォーマンス低下等をさせることなく、最もコスト効率の高いクラスに自動的にデータを移動し、コストを最小限に抑える。未知のアクセスパターンのデータ、もしくはアクセスパターンが変化するデータ用。ライフサイクルアクションを自動化。

■ S3標準ー低頻度アクセス（S3標準-IA）

アクセス頻度は低くても、必要に応じてすぐ取り出しが必要なデータ用。長期保存、バックアップ、災害対策ファイルのデータストアとして最適。

■ S3 1ゾーンー低頻度アクセス（S3 1ゾーン-IA）

長期間使用するが低頻度アクセスのデータ用。1つのAZにデータを保存するため、S3標準-IAよりもコストは20%低いが、可用性も低くなる。オンプレミスデータまたは容易に再作成可能なデータのセカンダリバックアップに向く。

◉ Glacier の取り出しオプション

> **❀Point**
>
> S3 Glacier は、データのアーカイブに適した、セキュアで耐久性が高い、低コ
> ストのストレージクラス。現在は S3 ファミリーとして連携している。Glacier に
> は、データの取り出しに数分から数時間まで3種類の取り出しオプションがあ
> る S3 Glacier と、データの取り出しに12時間／48時間かかる S3 Glacier Deep
> Archive がある。

ユースケースの取り出し時間に応じて取り出しオプションを選択できます。

アーカイブ サービス	取り出し オプション	取り出し時間	取り出し価格 （バージニア北部例）
S3 Glacier	標準取り出し [Standard]	取り出しは通常3〜5 時間以内に完了	1GB あたり0.01USDと、 1,000件あたり0.05USD
	大容量 取り出し	容量取り出しは通常5 〜12時間以内に完了	1GB あたり0.0025USDと、 1,000件あたり0.025USD
	迅速取り出し	通常は1〜5分以内に 使用可能	1GB あたり0.03USDと、 1,000件あたり10.00USD
S3 Glacier Deep Archive	標準取り出し [Standard]	12時間以内	1GB あたり0.02USDと、 1,000件あたり0.1USD
	大容量 取り出し	48時間以内	1GB あたり0.0025USDと、 1,000件あたり0.025USD

キャッシュの利用

　キャッシュは、将来の使用に備えて、前に使用したデータを保存するものです。この手法によってデータ利用のパフォーマンスを改善します。

　キャッシュはアーキテクチャの各層に適用可能です。アプリケーションは、メモリ内のキャッシュから情報の保存および取得をするように設計できます。キャッシュされた情報が見つからない場合、アプリケーションは元のデータベースやコンテンツから取得します。また後続のリクエストのためにキャッシュに保存します。一方、キャッシュ内でデータが見つかるとアプリケーションはそのデータを直接使用できます。これによりユーザーの待ち時間が短縮されバックエンドシステムの負荷も軽減されます。

　AWSには、次のサービスがあります。

■ Amazon ElastiCache（Memcached）

　クラウド内のメモリ内キャッシュのデプロイ、操作、スケーリングを簡単に行えるマネージドサービス。シンプルな点が特徴。Memcachedはマルチスレッドであるため、複数の処理コアを使用可。

■ Amazon ElastiCache（Redis）

　Memcachedより、柔軟な設定が可能なキャッシュ。機能豊富でスナップショット、レプリケーション、トランザクション、Pub/Subをサポート。

■ Amazon DynamoDB Accelerator（DAX）

　DynamoDB向けのフルマネージドの高可用性のメモリ内キャッシュ。高スループットでミリ秒からマイクロ秒のパフォーマンスを実現。

■ Amazon CloudFront

　静的コンテンツ（画像、CSSファイル、またはストリーミング済みの録画済みビデオ）と動的コンテンツ（レスポンシブHTML、ライブビデオ）のコピーをユーザーに近いエッジロケーションでキャッシュできるCDN（コンテンツ配信ネットワーク）。

　以下に、キャッシュの利用に関して押さえておきたい用語を解説していきます。

◉ CDN としての CloudFront

> **🔍 Point**
>
> CloudFrontは、データ、動画、アプリケーション、およびAPIを低レイテンシーの高速転送により、利用者に安全に配信するCDNサービス。DDoS軽減のためのAWS Shield、アプリケーションのオリジンとしてのELBやEC2、顧客のユーザーのより近くでカスタムコードを実行できるLambda@Edgeとシームレスに連携する。

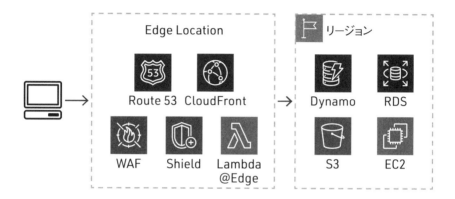

CloudFrontの特徴は、以下の通りです。

①ユーザーへのレスポンスを改善するとともに、オリジンの負荷を軽減。

②ユーザーに近い場所から、AWSサービスが利用できる。

③DNSにより、最適なエッジロケーションを割り当て。

④バックエンドを変更する必要がない。そのため、オンプレミス環境のデータもキャッシングできる。

⑤地域を分けてコンテンツを配信できる。

⑥キャッシュされた古いオブジェクトを削除するためTTL値を変更可。

⑦ユーザーエクスペリエンス向上に向け、Lambda@Edgeと組み合わせ可。

⑧WAFやDDoS対策のShieldとの組み合わせで高いセキュリティを実現。

◉ ElastiCache

🔍Point
Redis および Memcached のオーブンソースをフルマネージドで利用可能にした拡張性の高いキャッシュ。インメモリであり、高スループットで低レイテンシーのアプリケーションの構築が可能。

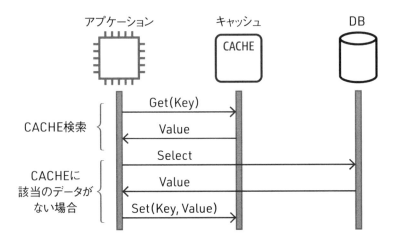

　あるアプリケーションで、ユーザー数の増加に起因する遅延とスループット低下が発生しているとします。アプリケーションからは、RDSデータベースがありパフォーマンスでボトルネックになっているとします。

　そうした時に、上の図のように、間にキャッシュを設定することによって、データのアクセスについてまずはキャッシュを検索し、見つからない場合はDBを検索することにより、アプリケーションの高速化とデータベースの負荷軽減ができます。

※本書では、DynamoDBを繰り返しキーバリューストアとして説明していますが、Redisや
　Memcashedは、元々DynamoDB以前からあるキーバリューストアとして有名なものです。キー
　バリューストアというシンプルな構造であるため、RDBの前に置き、インメモリのキャッシュとし
　て、アプリケーションの高速化を図ったものです。

◉Amazon DynamoDB Accelerator（DAX）

🔍Point

キャッシュは、アプリケーションへの変更を最小限に抑えながら、読み込みの
パフォーマンスを改善させることができる。DynamoDBの場合は、DynamoDB
Accelerator（DAX）というキャッシュがある。

アプケーション　　Amazon DynamoDB
Accelerator (DAX)　　DynamoDB

　Amazon DynamoDB Accelerator（DAX）は、フルマネージド型の高可用性イ
ンメモリキャッシュです。DynamoDB用に特化したサービスです。秒あたり数百万
件のリクエストでも、ミリセカンドからマイクロセカンドへの最大10倍のパフォーマ
ンス向上を図ることができ、キャッシュなので、DynamoDBに対して、読み込みが
多いワークロードに適しています。

　DAXは、開発者の負荷をかけることなく、DynamoDBテーブルへのインメモリ
アクセラレーションの追加を実施します。そのため、開発者はパフォーマンスについ
て心配することなく、顧客向けのアプリケーションに集中することができます。

◉ S3 Transfer Acceleration

🔍 Point

S3 Transfer Accelerationでは、世界中に散らばるCloudFrontのAWSエッジロケーションが活用される。データがAWSエッジロケーションに到着すると、最適化されたネットワークパスでS3バケットに向かうようルーティングされる。

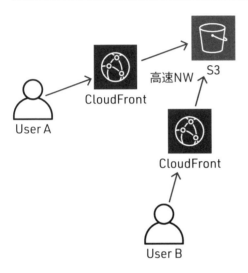

　このS3 Transfer Accelerationはキャッシュではありませんが、CloudFrontと一緒に用いるサービスになります。

　CloudFrontを使用して、ファイルのS3への転送を高速化する仕組みがS3 Transfer Accelerationです。CloudFrontの世界中に分散配置されたエッジロケーションを使用します。各地域からS3バケットにファイルやデータをアップロードしているユースケースでは特に有効です。

　アップロードファイルは、直接S3にアップロードする代わりに、CloudFrontの最も近いエッジロケーションを経由し、S3にアップロードされます。データは、S3とCloudFront間の最適化された高速なネットワークパスで送信されます。

Section
4-10 セキュリティ

AWSでは多層防御方法を特徴とするセキュリティの機能を多く提供します。ネットワークでは、サブネット、セキュリティグループ、ルーティングコントロールを使用して、セキュアなVPCトポロジを構築できます。

ウェブアプリケーションファイアウォールであるAWS WAFのようなサービスは、SQLインジェクションやアプリケーションコードのその他の脆弱性からウェブアプリケーションを保護するのに役立ちます。

ユーザーのアクセスを制御する認証、認可の機能は、IAMを使用してきめ細かいポリシーセットを定義し、ユーザー、グループ、およびAWSリソースに割り当てることができます。

AWSクラウド内では、データが送信中か停止中かにかかわらず、暗号化などによりデータを保護するための多くの機能を提供しています。

以下に、セキュリティに関して押さえておきたい用語を解説していきます。

◉ パブリックとプライベートのサブネット

🔍Point

VPC（Virtual Private Cloud）はクラウド上に顧客用の独自のネットワークを設定することができる。大別すると、インターネットとのルーティングがあるパブリックサブネットと、それ以外のプライベートサブネットに分かれる。

　パブリックサブネットは、インターネットへ、もしくはインターネットからの直接接続が可能なサブネットです。

　セキュリティを考えるとWeb/APサーバーやDBサーバーは、インターネットにさらさないようにするべきです。そのため、これらのサーバーは、プライベートサブネットに配置します。そして、プライベートサブネットの各サーバーへは、必要な接続のみ、パブリックサブネットにある各サービスと接続するようにします。

　例えばELBからWeb/APサーバー、Web/APサーバーからNATゲートウェイ、踏み台サーバーからDBサーバーというように接続を限定（後述の「セキュリティグループとNACL」参照）にします。

サブネット	配置が推奨されるAWSサービス
パブリックサブネット	・ELBロードバランサー
	・NATゲートウェイ
	・踏み台サーバー（bastion）
プライベートサブネット	・Web/AP サーバー
	・DB サーバー

　またマルチAZ構成で、高可用性の要件がある場合は、それぞれのサーバーやサービスを各AZに配置するようにします。

⊚ セキュリティグループとNACL

> **🔍Point**
>
> 両方とも、ネットワークのファイアウォールとして機能するが、内容が異なるの
> で、その違いを理解する。

セキュリティグループ	NACL
インスタンス単位で制御	サブネット単位で制御
許可（Allow）の設定	許可（Allow）と拒否（Deny）の設定
ステートフル（1つの通信で受信側を設定すれば送信も制御可能、戻りの設定不要）	ステートレス（1つの通信で受信と送信を制御する場合は、それぞれ設定必要）
全てのルールが適用される	順番に重ねてルールが適用される

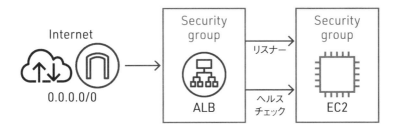

　例えば、ロードバランサー（ALB）で、インターネット接続に対してセキュリティ
グループを設定する場合、①ソース0.0.0.0/0のインターネットからのインバンドトラ
フィックを許可します。また②相手のEC2のインスタンスセキュリティグループのリス
ナーポートへアウトバウンドトラフィックを許可するとともに、③EC2ヘルスチェック
ポートでインスタンスへのアウトバウンドトラフィックを許可します。EC2インスタン
ス側では、ALBのセキュリティグループで設定した内容のみを受信するようにEC2
インスタンス側のセキュリティグループで設定します。

◉ データ転送中の暗号化

🔍Point

データの暗号化をセキュリティ要件とする場合に、インターネット上のみならず、データセンター内（AWSの場合、VPC内）も暗号化が求められるケースがある。その場合、HTTPS通信（SSL/TSLプロトコルでの暗号化）を行う。方法としては2通りある。

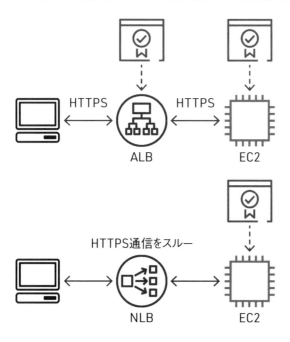

　上の図の上段の形態のように、クライアントからELB（ALB）を終端（SSL Termination）とし、HTTPS通信を受けた上で、再度EC2に対してHTTPS通信をして、EC2を終端とする方式があります。SSL証明書はELB（ALB）とEC2両方に設定します。

　また下段の形態は、クライアントからELB（NLB）でHTTPSを受けても、NLBはレイア4対応であるため、HTTPSはそのままスルーしてEC2を終端とする方式です。SSL証明書はEC2にだけ設定します。

◉S3サーバーサイド暗号化

🔖Point

S3の暗号化については、サーバー側とクライアント側の暗号化がある。クライアント側の暗号化とは、S3にファイルをアップロードする前に暗号化して、アップすること。3つのS3のサーバーサイドの暗号化を確認する。

暗号化については、暗号キーが必要になります。その暗号キーをどこが管理するかによって、次のような3つのサーバーサイドの暗号化があります。

種類	略称	内容	デフォルト暗号化
S3で管理された暗号キーによる暗号化	SSE-S3	暗号化キーの管理・ローテーション等を全てAWSで管理。追加料金なし。	利用可
KMSで管理された暗号キーによる暗号化	SSE-KMS	暗号化キーをKMSで管理。KMSを利用することで、証跡（CloudTrail）を残せ、可視化できる点が特徴。暗号化キーの権限を設定可。追加料金あり。APIコールの制限は注意が必要。	利用可
ユーザーの用意した暗号キーによる暗号化	SSE-C	ユーザーが用意した独自のキーで暗号化できます。暗号化キーの管理が必要。	利用不可

　デフォルト暗号化は、アップロードする際に、暗号化オプションの指定が不要なため、設定がより簡単です。全ての既存および新規のS3バケットに対応します。

　SSE-S3とSSE-KMSの違いは、操作した証跡のCloudTrailでの取得可否、追加料金の有無、S3への大量なAPIコールの際に制限がかかる場合がある点です。

◉ ロギングとその用途

🔍Point

AWSには、システムへの変更ログを登録するAWS CloudTrailログ、ネットワークトラフィックのログを取得できるAmazon VPCフローログ、アプリケーションの様々な事象を記録するAmazon CloudWatch Logsなどがある。

AWSのログには、次のものがあります。

■ AWS CloudTrail ログ

CloudTrailは、AWSアカウントに対するコンプライアンス、運用およびリスク監査のためのサービス。AWSインフラストラクチャ全体にわたって、アカウントの実施するアクティビティをログに記録し、継続的に監視する。

■ VPC フローログ

VPCのネットワークインターフェースとの間のIPトラフィック情報をキャプチャする機能。フローログデータはAmazon CloudWatch LogsとAmazonS3に送付可能。過度に厳しいセキュリティグループに対するルール診断など、トラフィックをモニタリングすることができる。

■ Amazon CloudWatch Logs

EC2インスタンス、AWS CloudTrail、Route53、およびその他のソースのログファイルの監視、保存、アクセスが可能。

CloudWatch Logsにより、使用中の全てのシステム、アプリケーションなど、AWSサービスからのログを一元管理することができる。

また、ログの簡単な表示、特定のエラーコードまたはパターンの検索、特定のフィールドに基づくフィルター処理、将来の分析のための安全なアーカイブなど、全てのログを一貫した流れとして時間軸で確認することができ、ダッシュボードでの可視化が可能。

練習問題

当練習問題は、第4章で説明した内容の理解の定着を図る目的でまとめています。

このように意味を問う形式の問題は、クラウドプラクティショナー試験では出題されますが、アソシエイト試験ではほとんどありません。アソシエイト試験は設定された要件を読み解く形式になるからです。

ただし、要件を選択するにあたり、この練習問題にある各選択項目は重要部分ですので、理解の定着にお役立てください。

◉問題1

システムが現在の状態のデータを保持せず、外部から入力された内容によってのみ対応した出力が決まる方式は次のうちどれでしょうか。

A. ステートレス
B. ストートフル
C. フェイルオーバー
D. 水平スケーリング

◉問題2

営業時間中はアクセス頻度が上がるが、それを過ぎるとアクセスは低下するといったトラフィックの時間帯が予測できる場合に適切なAuto Scalingのスケーリングプランはどれでしょうか。

A. 手動スケーリング
B. ターゲットトラッキングスケーリング
C. シンプルスケーリング
D. スケジュールスケーリング

◉ 問題 3

セッション情報の保管用として利用が推奨されるのは次のうちどれですか。

A. EBS
B. S3
C. ElastiCache
D. Redshift

◉ 問題 4

ECSと対になって、コンテナへのURLパスをルーティングできるAWSサービスは次のうちどれですか。

A. Lambda
B. CLB
C. ALB
D. Route53

◉ 問題 5

Elastic Beanstalkでは次のうちどれを使用することで、プロビジョニングやスケーリングなどが促進され、ウェブアプリケーションのデプロイや保守が容易になりますか。

A. OpsWorks
B. Docker
C. CloudFormation
D. EC2

◉問題6

IP一致条件を設定して、既知の不正なIPアドレスからの攻撃を防御することができるAWSサービスはどれですか。

A. WAF

B. ALB

C. NLB

D. CLB

◉問題7

Lambda関数をトリガするものは次のうちどれですか。

A. EventBridge(CloudWatch Events)

B. CloudWatch Metrics

C. CloudWatch Logs

D. CloudWatch Dashboard

◉問題8

プッシュ配信を行うメッセージング機能があり、Pub/SubといったパターンをサポートするAWSサービスはどれですか。

A. STS

B. SQS

C. SNS

D. MQ

◉ 問題 9

SQSでスループットがほとんど無制限であるサービスはどれですか。

A. FIFO
B. スタンダード
C. パブリッシャー
D. サブスクライバー

◉ 問題 10

Cognito Identityの中で、FacebookやTwitterなどのIDプロバイダーのアカウント情報をIdentityとして管理するのは次のうちどれですか。

A. Your User Pools
B. Sync
C. Federated Identities
D. IAM

◉ 問題 11

1桁ミリ秒のレイテンシーを必要とするアプリケーション向けの開発生産性の高い柔軟なNoSQL DBはどれですか。

A. DynamoDB
B. Redshift
C. Aurora
D. MariaDB

⊙ 問題 12

大量データの分析とレポート用に最適化されたデータウェアハウスはどれですか。

A. DynamoDB

B. Redshift

C. Aurora

D. MariaDB

⊙ 問題 13

行と列で構成されるテーブル表現され、強力なクエリ言語、強力な整合性の制御ができるDBはどれですか。

A. RDS

B. DynamoDB

C. DocumentDB

D. S3

⊙ 問題 14

DynamoDBでのスループットにおける表現はどれですか。

A. キーバリューストア

B. オートスケーリング

C. レイテンシー

D. キャパシティユニット

◉ 問題15

DynamoDBはどのようなトランザクションの特性を持つアーキテクチャモデルを採用していますか。

A. 一貫性
B. 原子性
C. 独立性
D. 結果整合性

◉ 問題16

DynamoDBで稼働中のアプリケーションのパフォーマンスを落とさずに行えるバックアップ方法はどれですか。

A. スナップショット
B. オンデマンドバックアップ
C. ストリーミング
D. クロスリージョンレプリケーション

◉ 問題17

DynamoDBでディザスターリカバリー向けの機能はどれですか。

A. スナップショット
B. オンデマンドバックアップ
C. ストリーミング
D. クロスリージョンレプリケーション

◉ 問題18

Auroraで読み取り処理の性能を上げるため専用のエンドポイントはどれですか。

A. クラスターエンドポイント

B. リーダーエンドポイント

C. インスタンスエンドポイント

D. カスタムエンドポイント

◉問題19

Redshiftでのディザスターリカバリーの戦略で利用可能な機能はどれですか。

A. クロスリージョンレプリケーション

B. クロスリージョンスナップショット

C. リーダーノード

D. コンピュートノード

◉問題20

Route53で、ランダムに選ばれた最大8つのレコードを利用し、複数のリソースに
DNSレスポンスを分散する場合に使用するルーティングポリシーはどれですか。

A. レイテンシールーティング

B. 加重ルーティング

C. フェイルオーバールーティング

D. 複数値回答ルーティング

◉問題21

Route53で、ヘルスチェックの結果にもつどいて、利用可能なリソースのみにルー
ティングするルーティングポリシーはどれですか。

A. レイテンシールーティング

B. 加重ルーティング

C. フェイルオーバールーティング

D. 複数値回答ルーティング

◉ 問題22

Route53で、複数のエンドポイント毎の重みを計算して、重み付けの高いエンドポイントにより多くルーティングするルーティングポリシーはどれですか。

A. レイテンシールーティング
B. 加重ルーティング
C. フェイルオーバールーティング
D. 複数値回答ルーティング

◉ 問題23

ネットワークアドレス変換の1つで、プライベートIPアドレスからグローバルIPアドレスへの変換を行うAWSのマネージドサービスはどれですか。

A. Internet Gateway
B. Internet Instance
C. NAT Gateway
D. NAT Instance

◉ 問題24

次のEC2インスタンスの購入オプションのうち、期間中稼働し続けたとして、1年間で最も安価なのはどれですか。

A. オンデマンドインスタンス
B. スタンダードリザーブドインスタンス
C. コンバーティブルリザーブドインスタンス
D. スポットインスタンス

⦿ 問題 25

EBSでボリュームサイズが1GBから選択可能な、最も安価なボリュームタイプは
どれですか。

A. 汎用SSD（gp2/gp3）
B. プロビジョンドIOPS SSD（io1/io2）
C. スループット最適化HDD（st1）
D. コールドHDD（sc1）

⦿ 問題 26

EBSでボリュームあたりの最大スループットが500MB/秒であるボリュームタイ
プはどれですか。

A. 汎用SSD（gp2/gp3）
B. プロビジョンドIOPS SSD（io1/io2）
C. スループット最適化HDD（st1）
D. コールドHDD（sc1）

⦿ 問題 27

EBSでRDBMSなど高いIO性能が求められている際に選択されるボリュームタ
イプはどれですか。

A. 汎用SSD（gp2/gp3）
B. プロビジョンドIOPS SSD（io1/io2）
C. スループット最適化HDD（st1）
D. コールドHDD（sc1）

◉ 問題 28

S3で、可用性は求められないが、必要に応じてすぐにアクセスできる必要がある最も安価なストレージクラスはどれですか。

A. S3 標準

B. S3 Intelligent-Tiering

C. S3 標準－低頻度アクセス（S3 標準 -IA）

D. S3 1ゾーン－低頻度アクセス（S3 1ゾーン -IA）

◉ 問題 29

S3で、パフォーマンス低下等をさせることなく、最もコスト効率の高いクラスに自動的にデータを移動し、コストを最小限に抑えるストレージクラスはどれですか。

A. S3 標準

B. S3 Intelligent-Tiering

C. S3 標準－低頻度アクセス（S3 標準 -IA）

D. S3 1ゾーン－低頻度アクセス（S3 1ゾーン -IA）

◉ 問題 30

S3 Glacierの取り出しオプションで、通常1 〜 5分以内にデータを取り出せるのはどれですか。

A. 標準取り出し

B. 大容量取り出し

C. 迅速取り出し

D. 高速取り出し

◉ 問題31

次のキャッシュサービスのうち、クラウド内のメモリ内キャッシュで、デプロイ、操作、スケーリングを簡単に行える複数の処理コアを使用可能なマネージドサービスはどれですか。

A. ElastiCache Memcached

B. ElastiCache Redis

C. DAX

D. CloudFront

◉ 問題32

次のキャッシュサービスのうち、クラウド内のメモリ内キャッシュで、柔軟な設定が可能で、かつ機能豊富でスナップショット、レプリケーション、トランザクション、Pub/Subをサポートするものはどれですか。

A. ElastiCache Memcached

B. ElastiCache Redis

C. DAX

D. CloudFront

◉ 問題33

次のキャッシュサービスのうち、CDNとして機能し、静的コンテンツと動的コンテンツのコピーをユーザーに近いエッジロケーションでキャッシュできるものはどれですか。

A. ElastiCache Memcached

B. ElastiCache Redis

C. DAX

D. CloudFront

⊙ 問題34

次のキャッシュサービスのうち、DynamoDB向けで、高スループットでミリ秒からマイクロ秒のパフォーマンス実現するフルマネージドの高可用性のメモリ内キャッシュはどれですか。

A. ElastiCache Memcached
B. ElastiCache Redis
C. DAX
D. CloudFront

⊙ 問題35

S3へのアップロードを世界中から利用する場合に、高速なネットワークパスが利用可能なサービスはどれですか。

A. S3クロスリージョンレプリケーション
B. S3 Transfer Acceleration
C. DAX
D. ElastiCache

⊙ 問題36

通常パブリックサブネットに配置されないものは次のうちどれですか。

A. ELB
B. NATゲートウェイ
C. 踏み台サーバー（bastion）
D. DBサーバー

◉問題37

セキュリティグループの特徴として正しいものはどれですか。

A. サブネット単位で制御
B. ステートレス
C. ルール適用にあたり、設定の順番に重ねてルールが適用される
D. 許可（Allow）の設定

◉問題38

S3のサーバーサイド暗号化で、S3で管理された暗号キーで暗号化し、簡易なキー管理を可能となる方法はどれですか。

A. SSE-S3
B. SSE-KMS
C. SSE-C

◉問題39

S3のサーバーサイド暗号化で、ユーザーが用意した独自のキーで暗号化し、暗号化キーの管理が必要となる方法はどれですか。

A. SSE-S3
B. SSE-KMS
C. SSE-C

◉問題40

S3のサーバーサイド暗号化で、安全な暗号化キー管理とともに証跡を残せて、可視化できる点が特徴な方法はどれですか。

A. SSE-S3
B. SSE-KMS
C. SSE-C

◉解答

問題番号	正解	問題番号	正解	問題番号	正解
1	A	15	D	29	B
2	D	16	B	30	C
3	C	17	D	31	A
4	C	18	B	32	B
5	B	19	B	33	D
6	A	20	D	34	C
7	A	21	C	35	B
8	C	22	B	36	D
9	B	23	C	37	D
10	C	24	B	38	A
11	A	25	A	39	C
12	B	26	C	40	B
13	A	27	B		
14	D	28	D		

Chapter **5**

「セキュアなアーキテクチャの
設計」についての
ベストプラクティス

この章では、AWSのリソースへのセキュアなアクセスや、安全なワークロードと
アプリケーションを見ていきます。また適切なデータセキュリティコントロールを
判断します。

Section
5-1

ALB ①

> 🔍 **Point**
>
> ALBのアクセスログを有効化することで、クライアントの接続情報を5分毎に取得することができる。

　ALBでは、ALBに送信されるリクエストについて、オプションを有効化することで、アクセスログを提供します。リクエストを受け取った時刻、発信元のIPアドレス、レイテンシー、リクエストされたパスなどの情報をまとめたログになります。

　アクセスログの作成はALBのオプションとしてあり、デフォルトでは無効になっています。有効化することで、ログのキャプチャをして暗号化した後、S3バケット内に保存します。これらは5分毎に取得します。

　なお、NLBについても、TLSリスナーに対するリクエスト（NLBなので、ALBのようなレイア7のHTTPリクエストは不可）のアクセスログを取得することができます。

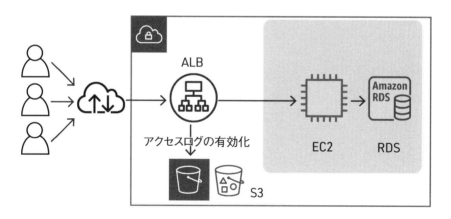

　アクセスログの取得により、接続するクライアントについて、トラブルシューティングのみならず、トラフィックの分析も可能になります。

Section 5-2 VPC ①

> **◆Point**
>
> VPCでインターネットのアクセスを構成する場合、インターネットゲートウェイは必須。またルートテーブルでは、宛先を0.0.0.0/0としたゲートウェイとして設定されていることが必要。

　VPCサブネットのインスタンスに対してインターネットへのアクセス、もしくはインターネットからのアクセスは次の点を確認します。

- インターネットゲートウェイをVPCに接続
- サブネットのルートテーブルでインターネットゲートウェイ（0.0.0.0/0）を指す
- サブネットのインスタンスにグローバルに一意のIPアドレスがある
- ネットワークACLとセキュリティグループで、関連するトラフィックが疎通可

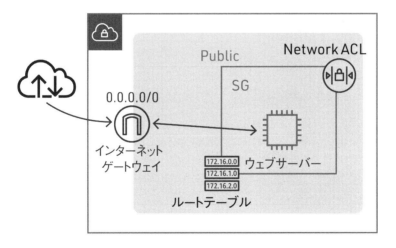

　VPCの各サブネットのルートテーブルの設定の考慮は重要です。

Section 5-3 VPC ②

⚙Point

パブリック（0.0.0.0/0）からのHTTPSポート（443）の着信を許可するウェブサーバーとウェブサーバーからのMySQLポート（3306）の着信を許可するDBサーバーのセキュリティグループを設定。

セキュリティグループとネットワークACLの選択はネットワークの重要な設計要素です。セキュリティグループはステートフルな設定になるので、着信のみを設定すれば送信も制御できますが、ネットワークACLはステートレスな設定のため、着信だけでは、送信は制御できません。このため試験では、設問の中で着信と送信が明確に定義されていない場合、セキュリティグループを選択させるケースが考えられます。

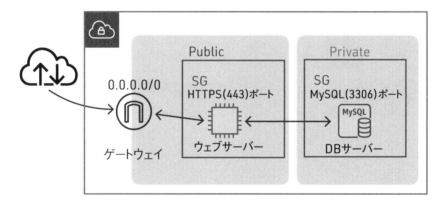

（0.0.0.0/0）からのHTTPS（443）の着信のみ、WebサーバーからのMySQL（3306）の着信のみというのは定番ですので、このポート番号も含めて理解が必要です。

VPC ③

> **⊛Point**
>
> 2つの異なるVPC間は、VPCピアリングによって、同じネットワークのように、プライベートに接続可能。

VPCピアリングによって、2つの異なるVPC間をプライベートに接続できます。この接続に関してはVPC内のインスタンスにパブリックIPアドレスは不要です。同じネットワークのようにそれぞれが相互に通信可能です。

VPCピアリング接続は、自分のVPC間、別のAWSアカウントのVPC間、または別のAWSリージョンのVPC間に設定可能です。

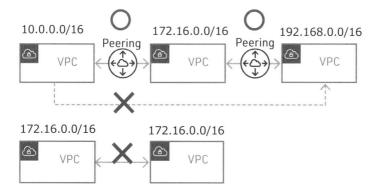

ただしVPCピアリングは、CIDRブロックが一致、または重複するVPC間の接続はできません。またピアリング先を介して、その先のネットワーク（直接ピア関係にないVPCやオンプレミスなど）に接続することもできません。この点には注意しましょう。

重要度：★★★★

Section 5-5 Redshift

⚙Point

インターネットに出ないでS3とRedshiftを接続する際は、Amazon S3 VPCエンドポイントを構成し、Redshift拡張VPCルーティングを有効にする。

S3はVPCの外にあるサービスですが、この方法により、S3とRedshiftの接続は、インターネットに出ることなく連携ができます。

Redshiftの「拡張されたVPCルーティング」によって、Redshiftはクラスターとデータリポジトリ間の全てのCOPYとUNLOADトラフィックを強制的にVPCにルーティングします。「拡張されたVPCルーティング」の使用により、VPCの標準機能であるセキュリティグループ、ネットワークACL、VPCエンドポイント、インターネットゲートウェイ、DNSサーバーなどを使用できます。

一方「拡張されたVPCルーティング」が有効でない場合、RedshiftはAWSネットワークにおけるその他のサービスへのトラフィックを含むトラフィックをインターネット経由でルーティングします。

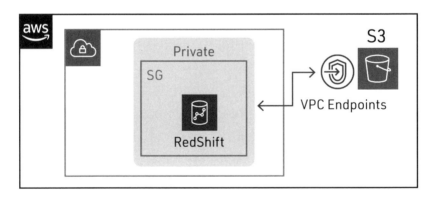

Redshiftの拡張VPCネットワークにより、インターネット経由しないでセキュアに接続するとともに、きめ細かいVPC管理が可能になることを覚えてきましょう。

重要度：★★★★★

Section
5-6

IAM ①

> **🔍Point**
> DynamoDBテーブルにデータを書き込むLambda関数の権限の設定としては、IAM
> ロールがLambda関数にアタッチされていることが必要。

このユースケースはEC2インスタンス上のアプリケーションではなく、Lambdaを
利用したサーバーレスの構成ですが、EC2の時と同じように、Lambda関数として
実行されるアプリケーションからAWSリソースへのアクセス権限の設定にも、IAM
ロールを使います。

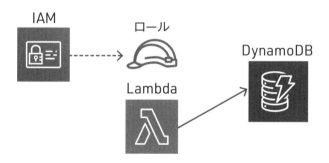

アプリケーションへの認可については、IAMロールの利用が適切です。設問とし
てはIAMロール以外に、IAMユーザーも想定されますが、停止もあるアプリケー
ションに、ユーザーとして常時認可を与えることは適切ではありません。またアクセ
スキー／ユーザーパスワードの直書きによる認可などはセキュリティ事故につながる
行為のため、適切ではありません。

Section
5-7

IAM ②

🔍**Point**

SQSキューといったAWSリソースをアプリケーションで利用するために、アプリケーションにアクセス許可を与えるものとしては、IAMロールが適切。

　ある利用者がシステムのリソースを利用する場合、認証によるアクセス許可が必要です。利用者が人の場合もありますが、アプリケーションの場合もあります。例えば、あるアプリケーションがSQSのキューというAWSリソースにアクセスするような場合もあります。

　こうした認証と認可を提供するサービスにIAMがあります。またIAMの中の機能としてIAMロールがあります。

　IAMロールは許可や禁止といったアクセス権限ポリシーが関連付けられているという点でIAMユーザーと似ています。ただしユーザーは特定の人にずっと権限を与えるようなものであるのに対して、ロールには標準的な長期認証情報（パスワードやアクセスキーなど）は関連付けられません。ロール用の一時的なセキュリティ認証情報が提供されるだけです。この便利な機能により、AWSリソースに対して通常時はアクセス権のないユーザーやアプリケーションに対して、必要に応じてアクセス権を提供することができます。

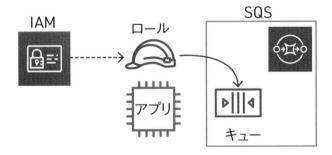

　IAMによるAWSリソースへのアクセス許可は、ロールの利用が標準的であると考えても良いでしょう。

Section 5-8 IAM ③

> **🔍 Point**
>
> クロスアカウントIAMロールを使用すると、別のアカウントを作成し、そのアカウントにAWSリソースへのクロスアカウントのアクセスを認可ができるため、サードパーティへの監査の委託にも利用できます。

5

　クロスアカウントIAMロールの使用により、特定のアクセス許可を別のAWSアカウントに委任するロールを設定できます。これにより、例えばサードパーティ等に監査アカウントを付与し、そこに監査が必要なアカウントへの許可を一時的に付与するIAMロールを使用して、安全にアクセスをさせることができます。

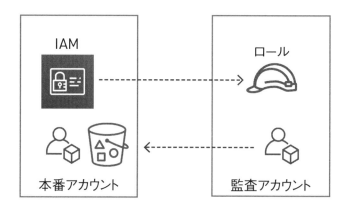

　IAMロールの応用ですが、これを利用して、第三者に監査を委託するというようなユースケースにも効果的です。

Section 5-9 Config

🔍Point
AWSリソースに変更が加えられたかどうかは、Configで確認する。

　AWS ConfigはAWSリソースの構成を評価、監査できるサービスです。Configは AWSリソースの設定を継続的に、監視および記録し、評価を自動的に実施します。AWSリソースの設定詳細ビューが提供され、時間の経過に従い、設定がどのように変わるかを確認できます。このような機能により、Configを使用すると、詳細なリソース構成履歴を確認できることから、社内のガイドラインに応じたコンプライアンスの状況を判断できます。

　AWSリソースとは、AWSで使用されるエンティティで、EC2インスタンス、EBSボリューム、セキュリティグループ、VPCなどを指します。

　Configでのイベントは、S3への履歴の保管とともに、CloudWatchのイベントとして監視することができます。

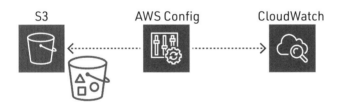

S3　　　　　　　　AWS Config　　　　CloudWatch

　ConfigがAWSリソースの構成変更をチェックできることを押さえておきましょう。

Section 5-10 RDS

> **Point**
> データベース作成時にRDSの暗号化機能を使用することで、データ保存時の暗号化を保証する。

RDSでは、全てのデータを保存時に暗号化することができます。このための最も簡単な方法は、データベース作成時にRDSの暗号化オプションを有効にすることです。このオプションにより、RDSインスタンスと保存されているスナップショットを暗号化できます。暗号化されるデータには、ストレージ、その自動バックアップ、リードレプリカ、スナップショットが含まれます。

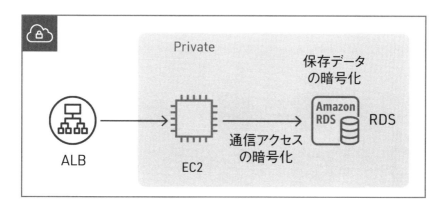

RDSの暗号化については、RDSのデータ保存時の暗号化と、RDBとの通信アクセス上の暗号化があるため、どちらの要件があるかを確認する必要があります。

Section 5-11 AWS WAF ①

🔍Point

AWS WAF は、ALB を利用するウェブアプリケーションにおいて、クロスサイトスクリプティングなどの一般的な Web ベースのセキュリティ保護に役立つ。

　AWS WAFは、セキュリティの脅威などからWebアプリケーションを保護するWebアプリケーションファイアウォールです。

　WAFでは、Webセキュリティルールのカスタマイズによって、Webアプリケーションに対するトラフィックの許可やブロックの制御ができます。例えば、WAFはIPアドレス、HTTPヘッダー、本文などの条件に基づいてフィルタリングすることができます。セキュリティ攻撃から保護する追加のレイヤーを設定できるため、一般的なウェブのセキュリティ上の弱点をブロックするルールを簡単に作成することができます。

　次の例のようにインターネットからの様々な入口に設定可能です。

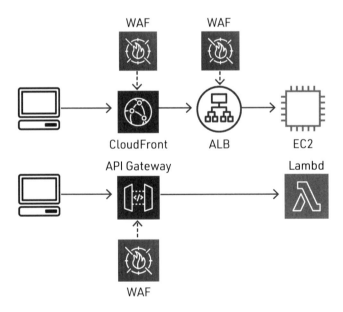

　WAFはレイア7のアプリケーション層のセキュリティに対応します。

Section 5-12 Secrets Manager

> **Point**
> AWS Secrets Manager はデータベースへのアクセスに必要なシークレット（接続シークレット）を安全に管理する。

　このサービスは、データベースへの認証情報であるシークレットを簡単に管理できるマネージドサービスです。APIキー、その他のシークレットを管理するものです。

　シークレットはローテーションをして管理するため、そのライフサイクルを通して管理できるようにする必要があります。ユーザーとアプリケーションは、Secrets Manager APIを呼び出してシークレットを取得しますので、秘密情報を平文でコードに書き込むというようなセキュリティ上問題のある行為を避けることができます。Secrets Managerは、RDS、Redshift、Amazon DocumentDBに対応し、シークレットのローテーションをします。

　また、このサービスはAPIキーやOAuthトークンなど他のタイプのシークレットにも使えます。

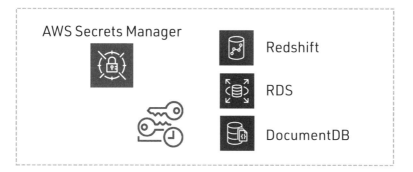

　Secrets ManagerはメインのAWSサービスではありませんが、データベースのシークレットを適切に管理するソリューションとして有効です。

Section 5-13 KMS ①

⚙Point

コンプライアンスの要求に準拠したEBSの暗号化時のキー管理には、KMSを検討する。

AWS Key Management Service（AWS KMS）は、データの暗号化で使用される暗号化キーの作成と管理をするマネージドサービスです。AWS KMSは、暗号化キーでデータを暗号化する多くのAWSサービスに統合され利用可能です。またAWS KMSはAWS CloudTrailと統合されており、暗号化キーの使用ログを表示できるため、監査、規制、およびコンプライアンスの要求に応えます。

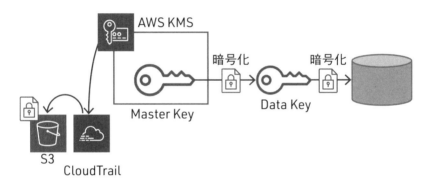

KMSは使用ログの可視化ができ、監査などのコンプライアンスに対応した暗号化キー管理のソリューションになります。

重要度：★★★☆☆

Section 5-14 CloudTrail ①

🔖Point

CloudTrailログは、既に暗号化されているため、暗号化のための何か操作は不要。

　CloudTrailでは、デフォルトでS3のサーバー側の暗号化（SSE-S3）を使用して、CloudTrailのイベントログファイルが暗号化されます。またログファイルの暗号化にAWS Key Management Service（AWS KMS）のキーを選択することもできます。任意の期間、ログファイルをバケットに保存します。S3ライフサイクルに従い自動アーカイブや削除も可能です。ログファイルの配信と確認に関して、通知が必要になる場合は、Amazon SNSの通知を設定できます。

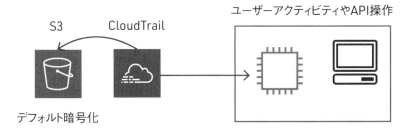

デフォルト暗号化

S3　CloudTrail

ユーザーアクティビティやAPI操作

　CloudTrailは証跡管理として用いるため、データの重要性からデフォルトで暗号化されています。

重要度：★★★★

Section 5-15

CloudTrail②

🔖Point

CloudTrailログファイルの整合性検証機能を有効にすることで、監査人からのコンプライアンス証跡取得に役立つ。

　CloudTrailに基づいた具体的なセキュリティ上の対応として、CloudTrailログファイルの整合性の検証があります。これはCloudTrailの機能であり、業界標準のアルゴリズムを使用して構築されます。ハッシュやデジタル署名用のRSAを備えたSHA-256を使用しているため、CloudTrailログファイルを検出せずに変更、削除、または偽造することは、計算上として実行不可能になります。

　AWS CLIを使用してCloudTrailから配信されたファイルを検証することができます。検証されたログファイルは、セキュリティおよびフォレンシック調査で非常に重要です。この検証済みのログファイルを使用し、ログファイル自体が変更されていないこと、または特定のユーザーの認証情報が特定のAPIアクティビティを実行したことを証明することができます。

　このように、CloudTrailログファイルの整合性検証機能を有効にすることによって、監査人からのコンプライアンス証跡取得に利用できます。

　ログ監査は、CloudTrailのログファイルの整合性検証機能によって実現できることを押さえておきましょう。

Section 5-16 CloudFront

> **🔹Point**
>
> CloudFront の Origin Access Identity（OAI）を作成し、S3バケット内のオブジェクトへのアクセスをそのOAIに許可する。

CloudFrontにおいて、S3バケットの配信コンテンツに対してアクセスを制限するための方法になります。

CloudFrontの署名付きURLまたは署名付きCookieを作成して、S3バケット内のファイルへのアクセスを制限してから、オリジンアクセスアイデンティティ（OAI）という特別なCloudFrontユーザーを作成して配布に関連付けます。次にCloudFrontがOAIを使用します。その結果、ファイルにアクセスしてユーザーに提供できるようにアクセス許可を構成します。これにより、ユーザーはS3バケットへの直接URLを使用したファイルにアクセスすることはできません。こうした方法により、CloudFrontを通じたファイルの安全なアクセスを実現できます。

このように、CloudFront ディストリビューションのオリジンとしてS3バケットを使用する場合は、全ユーザーにファイルへのアクセス権の付与、もしくはアクセスの制限ができます。

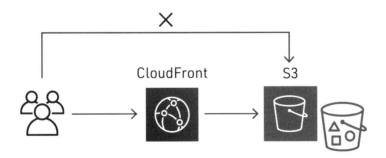

全てCloudFrontを通したS3バケットへのアクセスとする場合にOAIが利用されることを押さえておきましょう。

重要度：★★★★★

Section
5-17 **S3**

✏️Point

S3のサーバー側暗号化として、操作が最も簡易な方法は、S3によって管理される キーを使用したSSE-S3。これはデフォルト暗号化が可能であり、S3オブジェクトの 暗号化と復号化が自動で行われる。

S3のサーバー側暗号化の方式には次の3つがあり、そのうちデフォルトで暗号化 する方法は2つです。

- SSE-S3……デフォルト暗号化設定可。簡単。
- SSE-KMS……デフォルト暗号化設定可。細かいキー管理。証跡の管理可能。
- SSE-C……ユーザーによる暗号化キー管理。独自のキーを設定可。

デフォルト暗号化とは、S3のオブジェクトをS3に保存する前に暗号化し、S3から ダウンロードする時に復号するものです。ユーザーから見れば、そのオブジェクトへ のアクセス許可を持っていれば、オブジェクト自体が暗号化されているかいないか を考慮することなく、アクセスできます。よく利用されるアクセス方式としては、ユー ザーが署名付きURLを使用して、暗号化を意識せずに、オブジェクトにアクセスす るような使い方があります。

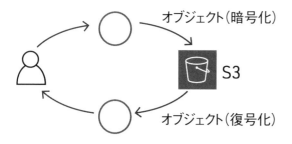

SSE-S3とSSE-KMS、SSE-Cとの違いを理解しておきましょう。

Section 5-18 NLB①

Point

NLBで受けるが、EC2でSSL Terminationをすることで、エンドツーエンドのデータ転送の暗号化を行うことができる。

5

HTTPSでの暗号化されたデータ通信を、NLB（もしくはCLB）で受けるが、そのままEC2に送り、EC2をSSLの終端（Termination）にする方法です。NLBは負荷分散のみを行い、暗号化通信はEC2上にサーバー証明書を入れることで対応します。

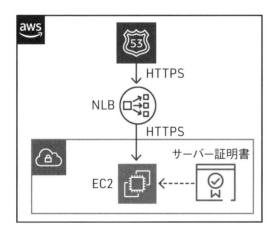

AWSの中の通信においても、データ転送は安全に暗号化したいという要件がある場合、EC2サーバーでのSSL Terminationが考えられます。

ただし、2019年1月にNLBでのTLS Terminationがリリースされています（次項参照）。

Section 5-19 NLB ②

🔖Point

バックエンドのEC2インスタンスの代わりに、NLBでTLS接続をTerminationすることができる。この際の証明書管理はAWS Certificate Manager（ACM）が推奨される（2019年1月リリース）。

これはNLBでのTLSリスナーの設定によるTLS Terminationになります。TLSリスナー毎にサーバー証明書を1つだけ指定する必要があります。ターゲットにリクエストを送信する前に、NLBは証明書を使用して接続をターミネーションし、クライアントからのリクエストを復号します。これで背後にあるサーバーの終端の負荷軽減をさせることができます。

AWS Certificate Manager（ACM）プライベート認証機関（CA）はマネージド型のプライベートCAサービスで、プライベート証明書のライフサイクルを安全に管理します。ACMにより、AWSマネジメントコンソール、AWS CLI、AWS Certificate Manager APIを使って証明書を簡単に集中管理できます。

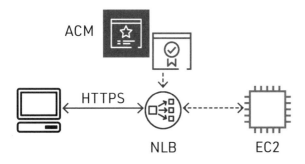

NLBでTLS Termination

NLBでTLS Terminationできるようになったことを覚えておきましょう。

Section 5-20 ALB②

> **🔍 Point**
> ドメインを複数保有していて、データの暗号化による通信の安全性を確保したい時には、SNI証明書をALBに設定すると良い。

ALBでは、Server Name Indication（SNI）を使った複数のTLS/SSL証明書をサポートしています。この機能により、ALBの背後に、別の証明書を持ったセキュアなアプリケーションを複数配置することができます。

SNI証明書とは、従来型のSSLではサーバー単位だったものを、ドメイン名（URL）単位で利用できるようにしたものです。ALBでは、SNIの利用にあたり、複数の証明書をALBの同じセキュアリスナーに紐付けます。ALBでは、それぞれのクライアントに最適なTLS証明書を自動的に選択することができ、利用において追加料金はかかりません。

こうした複数の証明書を使うシチュエーションとしては、同一のロードバランサーで異なるドメインを利用したい時が考えられます。ワイルドカードの利用も考えられますが、ワイルドカード証明書では単純なパターンのサブドメインでしか使えないため、複数ドメインには利用できません。

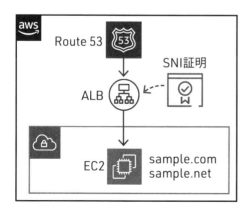

複数ドメインがある中で安全な通信をするためのTLS/SSL接続は、ALBへのSNI証明書によってサポートすることを押さえておいてください。

重要度：★★★★★

Section 5-21 VPC④

Point

VPC上のアプリケーションをインターネットへのアクセスをせずにS3とアクセスさせるためには、VPCエンドポイントを作成する。

　VPCエンドポイントは、インターネットに出ることなく、Amazonネットワークの中でAWSサービスと通信することができます。この例では、VPC上のアプリケーションが、VPCエンドポイントを介してS3と接続しています。

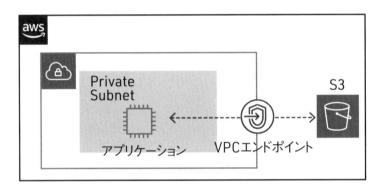

　通常、パブリックサブネットからVPCの外にあるS3と接続しますが、VPCエンドポイントを使用すれば、アプリケーションからは、インターネットゲートウェイ、NATゲートウェイ、VPN接続、Direct Connect接続は必要ありません。S3の他のサービスにも利用可能で、VPCエンドポイントによって他のサービスとのトラフィックは、Amazonネットワークの中で完結できます。

　試験では、S3の他にVPCエンドポイントを使用したユースケースとして、DynamoDBでの利用が出題されることも想定されます。

Section 5-22 Amazon Inspector

❀Point

EC2インスタンスのセキュリティ上の脆弱性診断をしたい時には、Amazon Inspector が有効。

5

　Amazon InspectorはEC2インスタンスへの自動化されたセキュリティ評価サービスです。EC2にデプロイしたアプリケーションのセキュリティ状況を評価でき、ベストプラクティスからの乖離がないことを確認できます。詳細なセキュリティリストが作成されます。

　このサービスのために、EC2インスタンスにInspectorエージェントを導入します。

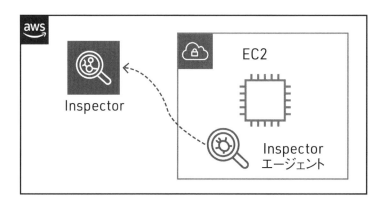

　Inspectorで事前に定義されたルールパッケージでは、例えば、EC2インスタンスがインターネットからアクセス不可であるか、リモートルートログインが無効か、脆弱なソフトウェアのインストールないか、といった点をチェックしています。ルールはAWSが定期的に更新しています。

Section 5-23 KMS ②

✦Point

暗号化キーの使用が、いつ、誰によってなされたかを可視化するため要件がある場合、KMSを利用する。

保管データの暗号化については、AWS Key Management Service（KMS）を使用することで、簡単にキーの作成・管理をして、AWSサービスやアプリケーションで暗号化を制御できます。KMSのポイントは次の通りです。

■ マネージドサービス

KMSは保管データの暗号化キーの一元管理を可能にするマネージドサービス。

■ AWSサービス・アプリケーションでの利用

数多くのAWSサービスとのシームレスな統合が可能。アプリケーション上のデータの暗号化へも利用可能。

■ 監査対応

暗号化キーのセキュアな管理を可能とともに、CloudTrailとの統合による組み込み型の監査対応が可能。監査ログはS3バケットに送信されるログファイルに記録され、情報には、ユーザーの詳細、時間、日付、APIアクションがある。

KMSは暗号化キー管理の中心サービスですが、特徴としては監査対応がある点に注目です。監査対応として、暗号化キー利用にあたってのユーザーの詳細情報を取得でき、規制およびコンプライアンスの要求の可視化に役立つことができます。

Section 5-24 IAM ④

🔍Point

IAMポリシーの記述では、"Effect":"Allow"として許可されているActionと、
"Effect":"Deny"として拒否されているActionを元に判断する。

5

　例えば、次のようなLambdaに対するIAMポリシー（一部抜粋）は、Lambdaに
関する条件付きのポリシーになります。条件はConditionで記述された後の部分を
確認します。この例では、あるIPアドレス範囲からの削除はできないことがわかり
ます。

```
"Effect" : "Allow" ,
"Action" : [
          "lambda : *"
          ],
"Resource" : "*" ,
{
"Effect" : "Deny" ,
"Action" : [
          "lambda : DeleteFunction"
          ],
"Resource" : "*" ,
"Condition" : {
          "IpAddress" : {
                  "aws : SourceIp" : "120.220.16.0/20"
                      }
          }
}
```

重要度：★★★★

Section 5-25 AWS WAF ②

◆Point
AWS WAF を利用することで、特定の国からのアクセスを除外することができる。

　AWS WAFでは、Geo一致条件を作成することによって、リクエスト送信元の国に基づいてウェブリクエストを許可または拒否することができます。Geo一致条件は、リクエスト送信元の国のリストを返します。その後でウェブACLを作成する時に、それらの国からのリクエストの許可もしくは拒否を指定することができます。

　さらに、Geo一致条件を他のAWS WAFの条件やルールと共に使用して、高度なフィルターを作成することもできます。例えば、特定の国をブロックした上で、その国からの特定のIPアドレスだけを許可する場合は、Geo一致条件とIP一致条件を合わせたルールを構成できます。

Section 5-26 Direct Connect と Snowball

Point

オンプレミスから外部のインターネットを介さずに、AWSのS3に大量のデータをロードする方法として、Direct ConnectとSnowballがある。

オンプレミスから大量のデータを外部のインターネットに出ることなくAWSに転送する方法としては、AWS Direct ConnectとSnowballがあります。

Direct Connect は、文字通りオンプレミスのデータセンターとAWSを直接専用線で接続するもので、オンプレミスの内部ネットワークをDirect Connectのロケーションに接続します。接続にはイーサネット光ファイバケーブルを介します。ケーブルの一端がお客様のルーターに接続され、他方がDirect Connectのルーターに接続されます。この接続を使用すると、パブリックなAWSのサービス（Amazon S3など）またはVPCへの仮想インターフェースを直接接続できるため、外部のインターネットに出ることなく、標準1Gbps、10Gbpsを介して接続可能です。

またAWS Snowballは、物理ストレージデバイスを使用します。そのデバイスをAWSに持ちこむことで大容量データをAWSに転送できるサービスです。これもインターネットを迂回するサービスになります。Snowballを使用すると、オンプレミスのデータセンターとS3間で数百テラバイトやペタバイトのデータを転送可能です。

いずれも外部のインターネットに出ないで、S3にデータを転送できるという点がポイントです。

ただしDirectConnectは専用線を設定するため1ヶ月程度の期間を要します。またSnowballもデータ移行に1週間程度の期間が必要です。そのため、より短期間でセキュアに移行するには、インターネットを介したVPNの利用も考えられます。

Section 5-27 Kinesis Data Firehose

🔍Point

Kinesis Data Firehoseはストリーミングデータのリアルタイム配信をAmazon S3などの送信先へ送るためのフルマネージドサービスである。

　ストリーミングデータといったデータ量の多いものを確実にキャプチャし、それを配信するためのサービスが、Kinesis Data Firehoseになります。つまり、キャプチャした上で、データ変換、データレイク、データストア、分析サービスへの配信を可能にするETL（抽出、変換、ロード）サービスです。ストリーミングデータをまず受けて、配るサービスです。

　送信先は、Amazon S3、Amazon Redshift、Amazon OpenSearch ServiceなどのAWSサービスのみならず、Splunk、Datadog、Dynatrace、LogicMonitor、MongoDB、New Relic、Sumo Logicなどサードパーティーサービスプロバイダーが所有するHTTPエンドポイントへも、ストリーミングデータのリアルタイム配信が可能です。

　ストリーミングデータの送信元は、全国に散らばるIoTのデバイスであったり、数多くのアクセスログだったりします。個々のデータは何Kバイトといった小さなサイズでも、まとめると1日のデータ量がテラバイトクラスになるようなものは、ストリーミングデータとして処理します。

重要度：★★★★

Section 5-28 Athena

🔎 Point

Athenaを使うことで、Amazon S3のプレーンテキスト形式のデータを直接クエリすることができる。

Athenaによって、標準的なSQLを使ってAmazon S3のデータを直接クエリすることができます。Athenaはサーバレスであり、すぐに実行可能なサービスなので、インフラの構築が不要で、すぐに使用することができます。

Athenaは実行されたクエリに対してのみ料金がかかるサービスです。サーバーレスなのでインフラストラクチャの管理は不要で、実行したクエリに対してのみ料金が発生します。

Athenaの操作は簡単です。Amazon S3にあるデータを指定し、スキーマを定義し、標準SQLを使用してクエリ実行を開始するだけです。クエリの結果がすぐに出ます。またデータ準備のための複雑なデータの抽出、変換、ロード（ETL）ジョブ処理も不要です。これによって、誰でもSQLのスキルを使って簡単に分析できるようになりました。

Athenaはサーバーレスであるため、サーバーやデータウェアハウスの設定や管理は不要です。Amazon Athenaを使用すると、S3にあるユーザーのすべてのデータを利用できます。

Section 5-29 FSx For Lustre

🔧 Point

FSx For Lustre は、ハイパフォーマンスコンピューティング（HPC）ワークロード向けのLinuxによる共有ファイルシステムである。

　FSx for Lustreを使用すると、高性能なハイパフォーマンスLustreファイルシステムを、簡易かつ費用対効果高く実行できます。これにより、機械学習、ハイパフォーマンスコンピューティング（HPC）、ビデオ処理、財務モデリングなど、高い性能が必要となる速度が重要なワークロードの処理が可能になります。

　オープンソースのLustreファイルシステムは、高速ストレージを必要とするアプリケーション向けに設計されています。Lustreは膨大なデータセットを迅速かつ安価に処理するために開発されてきたものです。このLustreは、世界最速のコンピュータ向けに設計されたファイルシステムでもあります。ミリ秒未満のレイテンシー、最大数百Gbpsのスループット、そして最大数100万のIOPSを提供しています。

Chapter **6**

「弾力性に優れた
アーキテクチャの設計」について
のベストプラクティス

この章では、第2分野の「弾力性に優れたアーキテクチャの設計」にもとづき、スケーラブルで疎結合のアーキテクチャの設計を見ていきます。また高可用性アーキテクチャおよびフォールトトレラントアーキテクチャの設計を検討します。

重要度：★★★★☆

Section
6-1
EBS

🔍Point

EBSのBCP対策としては、EBSボリュームのスナップショットを作成し、そのスナップショットを別リージョンでも利用できるようにする。

　EBSスナップショットとは、EBSのバックアップ機能です。S3に保存します。EBSはAZ内に配置されるサービスであるため、下の図にあるようにAZをまたぐ利用の際にもスナップショットを取得し、別AZで展開するようなことを行います。また他アカウントとの共有設定もできます。

　ここで述べられているのはBCP対策なので、同様にスナップショットを距離的に離れているリージョンにコピーする用途で利用します。BCP対策以外にも、システムの地理的な拡大、データセンターの移行などの複数のリージョンへの展開も可能になります。

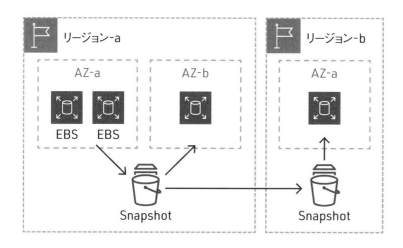

　試験では、BCP対策という設問でありながら、AZ内でのリカバリーという誤った選択肢を用いているケースがありますので注意しましょう。

重要度：★★★★

Section 6-2 Elastic Beanstalk ①

🔍Point

Elastic Beanstalkを本番環境で利用する場合、Amazon RDS を Elastic Beanstalk の外に設定することでブルーグリーンデプロイメントが可能になる。

　ブルーグリーンデプロイメントは、環境を二重に持ち、ブルー（実稼働）からグリーン（準備環境）に切り替えるダウンタイムゼロのリリース方法です。そこで常時稼働が必要なデータベースをどのように配置するかがキーになります。

　Elastic Beanstalkを使ったベストプラクティスでは、RDSをElastic Beanstalk環境外で起動します。これはElastic Beanstalkの終了時、RDSが終了してしまうことを避けるためです。

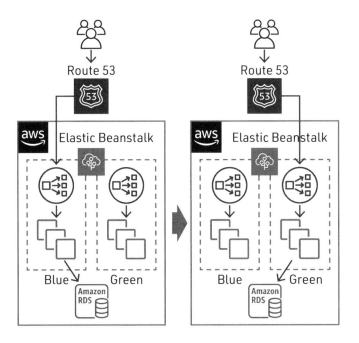

　Elastic Beanstalk 環境内で、RDSを起動することは、ブルーグリーンデプロイメントの観点からは正しくありません。

Section
6-3

EC2 ①

Point

EC2のDedicated Hostは完全に専用で利用できる物理サーバー。そのためソフトウェアライセンスの条項で物理コアなどを制限している時に有用。

　Dedicated Hostでインスタンスを起動すると、インスタンスはユーザー専用の物理サーバーで実行されます。Dedicated Hostは特定の物理サーバーにインスタンスが配置されますので、インスタンス利用の可視性と制御性を高めることができます。

　ソフトウェアライセンス条項の中で、ソケット単位、物理コア単位、またはVMソフトウェア単位で使用料が異なる場合に対応でき、ライセンス利用における企業のコンプライアンス要件に対応し、コストの削減に有用です。

　Dedicated Hostsとハードウェア専有インスタンスの違いは、下の表の通りです。

	ハードウェア専有インスタンス	Dedicated Hosts
概要	専用のハードウェアのVPC内で実行され他アカウントから物理的に分離	EC2インスタンスを完全にユーザー専用として利用できる物理サーバー
専用の物理サーバーの使用有無	あり	あり
課金の単位	インスタンス	ホスト
ソケット、物理コア、ホストIDの可視性	なし	あり

　EC2インスタンスタイプでDedicated Hostに関する設問は、企業のコンプライアンス要件に対応したケースが考えられます。

Section
6-4

EC2 ②

🔍Point

プレイスメントグループはEC2インスタンスのAWS上の配置方法の戦略。クラスター、パーティション、スプレッドの3つの戦略がある。

プレイスメントグループには、次の3つの戦略があります。

■ クラスタープレイスメントグループ

単一のAZ内のインスタンスをグループ化したもの。プレイスメントグループ内の全ノードは、プレイスメントグループ内の他の全てのノードと対話できる。緊密なノード間の通信が必要な場合に、低レイテンシー、高スループットでのパフォーマンスが実現可能。

■ パーティションプレイスメントグループ

インスタンスを複数の論理パーティションに分散させ、別のパーティション内のインスタンスのグループと共有しないもの。ハードウェア障害の頻度を軽減するために役立つとともに、HDFS、HBase、Cassandraなどの大規模なワークロードでの異なるラック間のデプロイにも有効。

■ スプレッドプレイスメントグループ

ネットワークと電源が異なるラックに物理的に別々に配置できるインスタンスのグループ。重要なインスタンスを物理的に分離した配置が必要なアプリケーションに推奨されるもので、同時障害のリスクが軽減される。

既存のAWSの解説書では、プレイスメントグループと言うとクラスタープレイスメントグループのこととして書かれているケースが多いです。それ以外の新しくリリースされた機能も今後、試験に採用されるケースがあるため、ご注意ください。

Section 6-5　S3 ①

> **🔍Point**
> S3バケットのクロスリージョンレプリケーション（CRR）により、リージョン全体に及ぶ大規模な災害に対して、他リージョンにデータをコピーする。

　S3では、異なるAZでデータを分散して格納することにより高可用性を実現しています。しかし、その地域（リージョン）全体が大規模な災害により被災しまうケースでは、それだけでは対応できません。

　そのため、大規模被災に対してデータを保護する方法として、バケットレベルの設定によるクロスリージョンレプリケーション（CRR）があります。

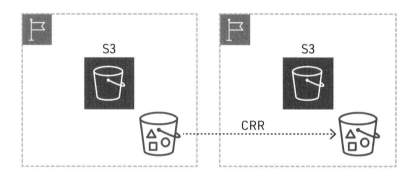

　S3ではデータを勝手にリージョン外にコピーをしない点が特徴的ですが、このクロスリージョンレプリケーションを利用することで、リージョン間でオブジェクトをコピーし、大規模災害時のS3のリカバリーを実現します。

　なお2019年9月にリリースされた、同一リージョン内でのコピー機能として、同一リージョンレプリケーション（SRR）もあります。

Glacier

> **Point**
> Amazon Glacierで取得要求から5分以内に取得できる、迅速取り出しがある。

　Amazon Glacierによるアーカイブについて、いくつかの取り出しオプションがあります。標準取り出しは3〜5時間かかってしまうところが、迅速取り出しだと1分〜5分以内に取得できます。

　このため、普段はアーカイブ保管をするだけで、ほとんどデータにアクセスしないようなアーカイブデータであるにもかかわらず、必要になったら、すぐに取り出す必要があるようなユースケースに、このオプションが有効になります。

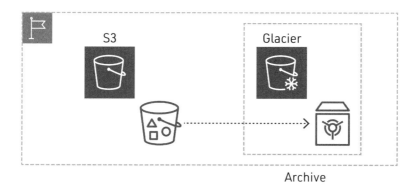

Archive

　Glacierはテープ保管としてデータ取得に時間がかかるイメージがあるので、5分以内の迅速取り出しがあることは要注意です。

重要度：★★★★

Section 6-7 DynamoDB ①

🔍Point

DynamoDBストリームでは、テーブル内のデータ項目への全ての変更をキャプチャできる。

アプリケーションにとってDynamoDBテーブルに保存された項目の変更を、変更の発生時にキャプチャできることは非常に有用です。次のようなユースケースに活用できます。

* あるリージョンから別リージョンへのアプリケーションのDynamoDBテーブルのレプリカ作成（項目の変更を他リージョンに反映させる）。
* モバイルアプリによるDynamoDBテーブルのデータの変更をキャプチャすることで、そのモバイルアプリの使用状況をほぼリアルタイムで提供。
* 1人が新しい画像をアップロードするとすぐに、グループ内の全ての友人のモバイルデバイスに通知を自動送信。

これらはDynamoDBストリームを利用することで可能になります（下の図はDynamoDBストリームからLambdaを使って利用する例）。

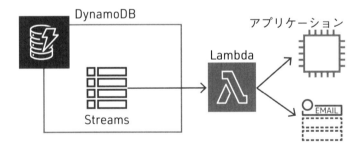

ユースケースのように、アプリケーションの利用として、DynamoDBストリームを利用した、ほぼリアルタイムのソリューションが可能なことを覚えておきましょう。

重要度：★★★★★

Section 6-8 RDS

> **Point**
> RDSリードレプリカは、必要に応じてスタンドアロンのデータベースに昇格させて、マスターデータベースのバックアップに使用できる。

　RDSのリードレプリカを利用すると、DBインスタンスのパフォーマンスと耐久性が向上します。

　この機能によるポイントは2つ。1つはDBインスタンスの読み取り頻度の高いデータベースのワークロードを緩和することで、全体の読み込みスループットを向上させることです。もう1つは必要に応じてリードレプリカをスタンドアロンのDBインスタンスに昇格させることができることです。リードレプリカはRDS for MySQL、MariaDB、PostgreSQL、Oracle、Auroraで利用できます。

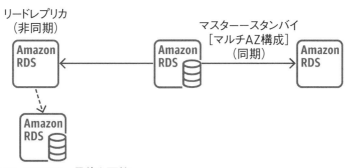

スタンドアロンのマスター昇格も可能

　マルチAZとの違いとして、マルチAZは同期レプリケーションですが、リードレプリカは非同期レプリケーションであることに注意が必要です。

Section
6-9

S3 ②

🔍Point

大量なストレージ容量が必要な時、コスト効率と拡張性に優れ、かつ耐久性のある
ストレージの選択はS3になる。

　S3は、スケーラビリティ、データ可用性、セキュリティ、パフォーマンスに優れ
たオブジェクトストレージサービスです。数多くのユースケースに基づき、データ
を容量制限なく保存するとともに、暗号化による保護もできます。アクセス制御を
詳細に設定することで、特定の組織のコンプライアンスの要件に対応できます。
99.999999999%（9×11）の耐久性を実現するように設計されています。各AWS
サービスと連携させたり、もしくはバックアップストアとしても活用されます。

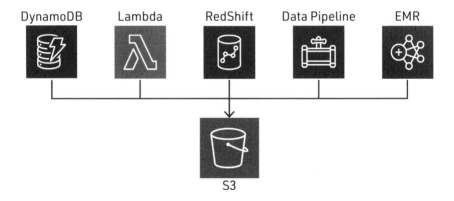

DynamoDB　　Lambda　　　RedShift　　Data Pipeline　　EMR

S3

　S3はAWSの中核サービスになりますから、S3と他のAWSサービスとの連携機
能については押さえておくことが大切です。

重要度：★★★★☆

Section
6-10

Aurora

⚡Point

データベースと自動化されたバックアップのためのレプリカを持つRDSと言えば、Auroraがある。

Auroraは他のRDSとは異なり、AWS用に作られた特別の構成になっています。

Auroraでは、複数のDBクラスターを持ちます。またそれらは複数AZにまたがって配置される仮想データベースストレージボリュームです。各AZには、DBクラスターのデータのコピーが保存されます。次のようなプライマリDBとAuroraレプリカという2つのクラスターで構成されます。

■ プライマリDB

読み書きをサポート。Aurora DBクラスター1つにつき、1つ存在する。複数AZにマスターデータがコピーされる。

■ Auroraレプリカ

読み取りのみをサポート。15までのレプリカを持てる。フェイルオーバーによる昇格も可能。プライマリDBインスタンスから読み取りワークロードをオフロードする。

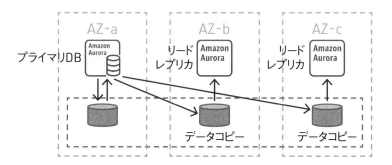

このように、Auroraでは複数AZにまたがるクラスター構成を取っていることがポイントです。

Section 6-11 Glue

🔖Point

AWS Glue はフルマネージドの ETL サービス。指定したデータのテーブル定義等のメタデータがデータカタログに保存される。ETL ジョブの実行状態を保持してデータを追跡する。この機能を「ジョブのブックマーク」と言う。

　AWS Glue は、AWS 提供のフルマネージド型の ETL 処理です。ETL であるため、データの抽出、変換、ロードといった一連の処理を簡単操作により実施できます。

　Glue では、AWS に保存されたデータを指定することにより、クローラーによるデータ検索を行います。テーブル定義やスキーマに関したメタデータが Glue の持つデータカタログに保存されます。

　Glue ではジョブ実行における状態情報を継続して保持することで、ETL ジョブ実行によって処理されたデータを追跡することができます。この継続状態の情報は「ジョブのブックマーク」と呼ばれています。

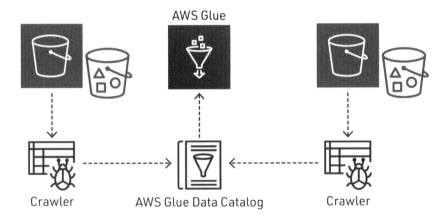

AWS Glue

Crawler　　　AWS Glue Data Catalog　　　Crawler

　ジョブのブックマークは、Glue で古いデータを再処理しないために役立ちます。

Section 6-12 EC2 ③

Point

EC2の災害復旧ソリューションのベストプラクティスとして、EC2インスタンスのAMI作成と、別のリージョンへのコピーがある。

Amazonマシンイメージ（AMI）は、EC2のゴールデンイメージです。マネジメントコンソール、CLI、SDK、またはAPIを使用して、リージョン内もしくはリージョン間でコピーすることができます。暗号化されたスナップショットとしてAMIをコピーすることも可能です。

①EC2インスタンスのAMI作成

作成するAMIと同じAMIからインスタンスを起動。インスタンスに然るべきカスタマイズをした後、AMI作成前にインスタンスを停止。これでデータの整合性を確認した上で、イメージを作成できる。

②別のAWSリージョンにコピー

マネジメントコンソール等を使用してAMIを別のリージョンにコピーすることができる。マネジメントコンソールからコピーする場合は、送信先リージョン、名前（新しいAMIの名前）、説明、暗号化、マスターキー（ターゲットスナップショットを暗号化するためのKMSキー）の情報を設定してコピーする。

AMIにより、EC2インスタンスのBCP対策ができます。

重要度：★★★★★

Section 6-13

Route53

> **Point**
> ブルーグリーンデプロイメントを達成するために、Route53で使用できるルーティングポリシーは、加重ルーティングである。

> **Point**
> 正常な全てのウェブサーバーにランダムに分散させるためのRoute53のルーティングポリシーは、複数値回答ルーティングである。

Route53のルーティングポリシーの概要は次の通りです。

■ シンプルルーティングポリシー

標準のDNSレコードで設定。1つのウェブサイトにルーティング。DNSレコード1つに複数IP設定可。静的マッピング。

■ フェイルオーバールーティングポリシー

ウェブサイト等のリソースが正常な場合にルーティングし、正常でない場合は別のリソースにルーティング。

■ 位置情報ルーティングポリシー

アクセスするユーザーの位置に基づいてルーティング。ユーザーの位置によって言語等変更可。大陸、国、米国州別に指定可。

■ 地理的近接性ルーティングポリシー

ユーザーとウェブサイト等の物理的な距離に基づいてルーティング。Route53トラフィックフローの設定が必要。

■ レイテンシールーティングポリシー

最小のレイテンシーで利用可能なAWSのエンドポイントにルーティング。リージョン間の遅延が少ない方にルーティング。

■ 複数値回答ルーティングポリシー

ランダムな最大8つの正常レコードを戻せるため複数サイトにルーティング可。ヘルスチェックの複数レコードに関連付け可。

■ 加重ルーティングポリシー

より重み付けの高いリソースに、より多くルーティング。A/Bテスト、段階的な移行、サーバーの性能調整などに利用可。

ブルーグリーンデプロイメントという点では、稼働システムと準備システムで本番系のトラフィックの切り替えを行うものであるため、重み付けによる段階的移行が可能になる加重ルーティングが適切です。

また、複数値回答ルーティングは、複数ウェブサーバーといった複数リソースにDNSクエリのレスポンスを分散して返答する場合に使用します。正常なリソースの値のみ戻す（正常性が確認できるIPアドレスを返す）機能により、DNSを使用した複数リソースの可用性確認ができます。

Section 6-14 VPC

Point

プライベートサブネットのデータベースがパッチの更新用に、インターネットに接続するためには、パブリックサブネットにNATゲートウェイを配置する。

　一般的なVPCの構成例としては、パブリックサブネットにウェブサーバーを配置し、プライベートサブネットにデータベースサーバーを配置することが考えられます。この際に、プライベートサブネットにいるデータベースサーバーへは直接インターネットからのアクセスは禁止したとしても、データベースサーバーから、パッチのアップデートのためにインターネット接続が必要になる場合があります。そのための構成として、パブリックサブネットに、ネットワークアドレス変換をするNATゲートウェイを配置することがあります。

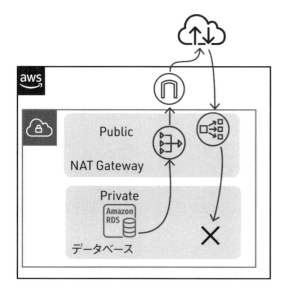

Organizations

> **◎Point**
>
> AWSアカウントを本番用と開発用に分割し、安全な環境の管理をするとともに、請求の一元管理、コンプライアンス、アカウント間でのリソースの共有等の目的で統合管理するために、AWS Organizationsが役立つ。

　開発者が誤って本番環境に影響を与えないように、開発者用に別アカウントを作成し、開発者はその別アカウントを使用するようにしておくことがあります。このような分割したアカウントの管理は、AWS Organizationsを利用することで可能になります。

　AWSアカウントを本番用と開発用に分割し、安全な環境の管理をするとともに、請求の一元管理、コンプライアンス、アカウント間でのリソースの共有等の目的で統合管理するために、Organizationsが役立ちます。

　Organizationsを使用すると、アカウント作成が自動化され、アカウントをまとめた単位として組織単位（OU）を作成することもできます。それぞれのアカウントやグループにポリシーを設定することもできます。これにより、アカウント全体の設定とリソース共有を一元管理できます。

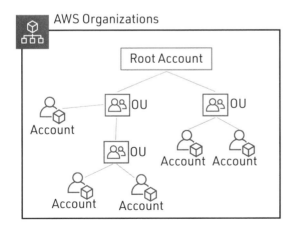

AWS Organizations

　AWSで分割した複数のアカウントを管理したいなら、Organizationsを使用すると覚えておきましょう。

Section 6-16 SQS

Point
一時的なトラフィック増として、スパイクが発生する処理で、データベース書き込みの前に欠落させないためには、SQSキューの作成が効果的。

SQSによって、ソフトウェアシステムの分離とともに、信頼性高くシステムを連携させることができます。SQSは疎結合を実現できるサービスです。

キューは、拡張性があるとともに、安全で耐久性があるため、一時的なトラフィック増があった時に、いったんキューに蓄積し、後続する処理ノードが順次処理するような形態が可能です。このため、冗長なインフラストラクチャを使用して、同時実行性が高いメッセージの確実な処理が可能になり、スパイクを吸収することができます。

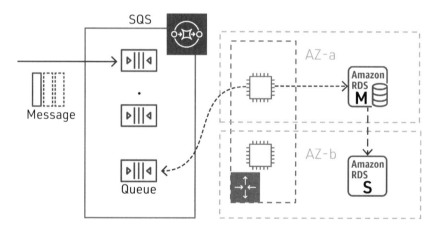

データを欠落させないという点では、上の図のように、アベイラビリティゾーン内のサービスであるRDSの場合は、スタンバイDBを別アベイラビリティゾーンに配置することも必要でしょう。

Section 6-17 Snowball Edge

🔖Point

Snowball Edge はオンプレミスから AWS への、ペタバイト規模のデータ移行に使用する。それのみならず、作業場、移動車両などインターネットに接続できない環境でも処理とデータ収集が可能。

AWS Snowball Edge は AWS Snow ファミリーの1つです。この Snowball Edge はこれまでの Snowball と異なり、ローカルストレージおよびコンピューティング機能を備えています。そのため Lambda の処理などにも使用できます。次のような特徴があります。

- インターネットより高速なデータ転送（10Gbps ～ 100Gbps のリンク）
- オブジェクトストレージ用の S3 互換エンドポイント
- ブロックストレージ
- NFS エンドポイント
- 暗号化
- デバイスの追跡のための Amazon SNS 等による追跡
- GPU サポート（Snowball Edge Compute Optimized のみ）

Snowball Edge には次の2つのタイプがあります。

■ Snowball Edge Storage Optimized

大規模なデータ移行と容量指向のワークロードに適しています。

ブロックストレージおよび S3 互換オブジェクトストレージ用に 80TB の HDD、ブロックボリューム用に 1TB の SSD が提供されます。

■ Snowball Edge Compute Optimized

遠隔地でのエッジ環境における、機械学習、フルモーションの動画分析などの高いパフォーマンスのワークロードに適したコンピューティング機能があります。

ブロックストレージおよびS3互換オブジェクトストレージ用に42TBのHDD、ブロックボリューム用に7.68TBのSSDが提供されます。

　また、Snowファミリーには、Snowball Edgeの他に、ペタバイト〜エクサバイトのデータ移行に向けたSnowMobileがあります。1台で100PBのデータを移動できるSnowMobileはトレーラーそのもので巨大です。

　オンプレミスからAWSへのデータ移行においては、オンプレミスに大量のデータを蓄積しているケースが多く、データ移行の方法に考慮すべき点があります。例えば、過去分の大規模データは最初に移行し、現在でも更新しているデータはAWSへの切替日に反映させるような、複数回の移行プランが考えられます。この場合、Snowファミリーを用いたデータ移行は、最初の大規模データの移行に適しています。

　データ移行時に利用するAWSサービスを選択する際には、次のように考えます。

・120時間（5日間）以内にデータ移行させないといけないか？

　Yesの場合、Snowファミリーは1週間程度期間を要しますので、選択から外れます。この場合はVPNでのデータ転送など、別の方法を検討します。ちなみにDirect Connectも専用線敷設の期間が必要なため、今から5日間以内という条件ですと選択できません。

・数100TB程度のデータ移行か？

　Yesの場合はSnowball Edge Storage Optimizedを選びます。例えば200TBのデータ移行であれば、80TBのSnowball Edgeを3個利用します。

　一方、数10ペタバイトクラスになるとSnowMobileの利用を考えます。

　なお、Snowball Edge Compute Optimizedはデータ移行目的ではなく、遠隔地でのコンピューティング利用目的になります。

Section 6-18 Transit Gateway

> **🔎Point**
> AWS Transit Gateway は、クラウド上のルーターであり、Amazon VPC とオンプレミスネットワークを接続することでネットワークを簡素化する。

AWS Transit Gatewayは、中央ハブを介してVPCとオンプレミスネットワークを接続します。これはクラウドルーターとして機能し、ネットワークが簡素化されるため、複雑なピアツーピアの接続関係がなくなります。

AWS Transit Gateway を使用したイメージ

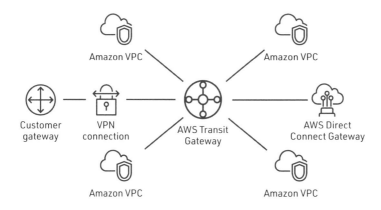

（AWS サイト https://aws.amazon.com/jp/transit-gateway/ より）

このようにVPC Peeringを多用した構成と比較して、ハブ構成にできるため、ネットワークを簡素化することができます。またグローバルに展開すると、リージョン間ピア接続はAWSグローバルネットワークを使用してAWS Transit Gatewayを相互に接続します。

Section 6-19 Storage Gateway

🔍 Point

AWS Storage Gatewayファイルゲートウェイでは、サーバーメッセージブロック（SMB）プロトコルを使用してファイル共有にアクセス可能である。

AWS Storage Gatewayは、オンプレミスから利用するクラウドのストレージで、実質無制限のクラウドストレージへのアクセスを提供します。

Storage Gatewayでは、iSCSI、SMB、NFSなどの標準プロトコルが使用可能です。これらのプロトコルを使用することで、オンプレミスの既存のアプリケーションに変更を加えることなくAWSのストレージを使用できます。

頻繁にアクセスされるデータはオンプレミスでキャッシュして、低レイテンシーのパフォーマンスを実現できます。

AWS Storage GatewayはAmazon S3クラウドストレージと統合されているため、高い耐久性を持っています。次の3つのタイプがあります。

■ ファイルゲートウェイ

オンプレミスのNFSまたはSMBファイルベースのアプリケーションからローカルキャッシュを使用し、Amazon S3のオブジェクトに保存。

■ テープゲートウェイ

AWSの仮想テープにオンプレミスデータをバックアップしアーカイブ。

■ ボリュームゲートウェイ

オンプレミスのアプリケーションからiSCSIのブロックストレージとして、Amazon S3に保存。

Section 6-20 Shield

⚙Point

DDoS攻撃に対しては、無料で利用できるStandardと有料でEC2、ELB（ALB、NLB）等でも利用可能なAdvancedがある。

　AWS Shieldは分散サービス妨害（DDoS）に対するマネージドの保護サービスです。Shieldには、無料で利用できるStandardと、より機能が充実した有料のAdvancedがあります。違いは次の通りです。

	Standard	Advanced
費用	無料	有料
保護対象	ネットワーク（レイヤー3）、トランスポート（レイヤー4）の層を標的とする既知の攻撃	Standardでの対象に加えて、EC2、ELB、CloudFront、Global Accelerator、Route53のアプリケーション
追加サービス	―	・AWSビジネスサポート以上では、24時間365日のAWS Shieldレスポンスチーム（SRT）へのアクセス ・DDoS攻撃によってAWS利用料が急上昇した場合に備えて、その料金上昇を回避するDDoSコスト保護を含む

Section 6-21 CloudFront ①

> **🔍 Point**
> 署名付き URL と署名付き Cookie を使い分けて、URL へのアクセスを制限できる。

　署名付き URL や署名付き Cookie を使用することにより、URL を知っているだけではアクセスできないようにでき、また URL へのアクセスに期限をつけることができます。

　それぞれの使い分けは次の通りです。

署名付き URL	・個別のファイルへのアクセスを制限する場合 ・ユーザーが Cookie をサポートしていないクライアントを使用している場合
署名付き Cookie	・複数の制限されたファイル (HLS 動画配信など) へのアクセスを提供する場合。 ・現在の URL を変更したくない場合

　従来は、署名付き URL を発行するには、AWS アカウントの root ユーザーを使用して CloudFront キーペアを作成する必要がありました。現在は IAM ユーザーでもキー設定が可能になり、こちらが推奨されています。

Section 6-22 CloudFront ②

🔎Point

CloudFrontでは、フィールドレベル暗号化により、機密データのセキュリティをより強化できる。

　フィールドレベル暗号化を設定することにより、追加のセキュリティのレイヤーを設定することができます（試験では、よく「セキュリティレイヤーの追加」というような言葉が出てきますが、簡単にいうと、httpsなどの暗号化で既にセキュリティをかけているのにプラスアルファして、さらに部分的に暗号化するような追加設定を指します）。

　このフィールドレベル暗号化は、特定のデータフィールド（個人情報などの機密データがあるフィールド）に対して、特定のアプリケーションのみがアクセスできるようにデータを保護することができます。

　実際の動作としては、ユーザーが決めたフィールド固有の暗号化キーを使用して、Postリクエストがオリジンに転送される前にhttps内で機密データをさらに暗号化します。

重要度：★★★★★

Section
6-23
S3 ③

Point

VPCエンドポイントは、Amazon S3とVPC内アプリケーション間のデータ転送において、インターネットを介さず、セキュアなプライベートルートを実現できるもの。これによりセキュアな通信を確保できる。

　機密性の高いユーザー情報をAmazon S3バケットに保存している場合、VPC内のAmazon EC2インスタンス上で動作しているアプリケーション層からS3バケットにアクセスする際に、セキュアな方法でS3バケットにアクセス可能とする方法が望ましいです。S3バケットはパブリックインターネット上にあるため、AWSネットワーク内部での接続をしたい場合は、Amazon S3に対するVPCエンドポイントを構成します。

　VPCエンドポイントは、グローバルIPを持つAWSサービスに対して、VPC内から直接アクセスするための出口になります。VPCエンドポイントには、ゲートウェイ型とインターフェイス型があります。

　ゲートウェイ型は最初に出たVPCエンドポイントです。S3とDynamoDBが対応しています。インターフェイス型（PrivateLink）は、それ以降に出てきたサービスで、50種類以上のサービスが対応しています。ゲートウェイ型はエンドポイント経由の通信料は無料ですが、インターフェイス型は時間あたりのエンドポイントの利用料とGBあたりの通信料がかかります。

重要度：★★★★★

Section
6-24
WAF

Point
AWS WAFのウェブACLの利用により、特定の国からの攻撃を防御できる。

ウェブアクセスコントロールリスト（ウェブACL）を使用すると、保護されたリソースが応答するすべてのHTTP（S）ウェブリクエストをきめ細かく制御できます。Amazon CloudFront、Amazon API Gateway、Application Load Balancer、AWS AppSync、Amazon Cognitoリソースを保護できます。このウェブACLにルールを追加することで、紐づけたAWSリソースを保護します。

次のような保護条件が設定でき、これにより、リクエストを許可またはブロックできます。また、これらの条件の任意の組み合わせをテストすることも可能です。

- リクエストのIPアドレスの送信元
- リクエストの送信元の特定の国
- リクエストの一部に含まれる文字列一致または正規表現（regex）一致
- リクエストの特定の部分のサイズ
- 悪意のあるSQLコードまたはスクリプトの検出

Section 6-25 AWS Transfer Family

🔧Point

セキュアなFTPの実現と費用対効果向上にAWS Transfer Familyが利用できる。

　AWS Transfer Familyは、Amazon S3ストレージまたはAmazon EFSファイルシステムとの間でファイル転送できるフルマネージドサービスです。最大3つのアベイラビリティーゾーンをサポートし、次のファイル転送プロトコルを扱うことができます。

- Secure Shell（SSH）File Transfer Protocol（SFTP）：バージョン3
- File Transfer Protocol Secure（FTPS）
- File Transfer Protocol（FTP）
- 適用性ステートメント2（AS2）

　AWS Transfer Familyには、現在、次の4つのエンドポイントタイプがありますが、VPC_ENDPOINTについては非推奨となっています。

- PUBLIC：インターネットに公開され、接続元の制限はできません。
- VPC_ENDPOINT：従来のVPC Endpoint構成。
- VPC（Internet Facing）：インターネットにアクセスされる。接続元制限は可能。
- VPC（Internal）：VPC内部アクセスを持っている。接続元制限は可能。

Section 6-26 Systems Manager

Point

AWS Systems Manager は、AWSサービスの運用データを一元化し、リソース全体のタスクを自動化する統合システム管理サービス。AWS Systems Manager の Parameter Store によってセキュアに運用可能。

複数のAWSサービスをまとめて管理できるサービスです。各AWSサービスの運用データを一元化し、AWSリソース全体のタスクを自動化することができます。アプリケーション、アプリケーションスタックのさまざまなレイヤー、本番環境と開発環境といったリソースに対して、論理グループを作成できます。

このように AWS Systems Manager は、AWSで実行されるアプリケーションとインフラストラクチャの管理に役立つ統合システム管理サービスです。特に複数のサービスを利用している場合、Systems Manager により、アプリケーションとリソースの管理が簡略化され、オペレーションによる問題解決時間の短縮とともに、AWSリソースの大規模な管理が可能になります。

AWS Systems Manager の一機能である Parameter Store は、設定データの管理と機密管理のためのセキュアな階層型ストレージを提供するものです。パスワード、データベース文字列、Amazon Machine Image（AMI）ID、ライセンスコードなどのデータをパラメータ値として保存することが可能です。パラメータの作成時に指定したユニークな名前により、スクリプト、コマンド、SSMドキュメント、設定およびオートメーションワークフローの Systems Manager パラメータを参照でき、セキュアな統合システム管理が可能です。

Section 6-27 S3 ④

⚡Point

S3のオブジェクトロック機能により、オブジェクトの削除や上書きを一定期間または無期限に防止できる。ガバナンスモードとコンプライアンスモードの2つのモードがある。

S3オブジェクトロックでは、次の2つのリテンションモードが提供されています。

- ガバナンスモード
- コンプライアンスモード

ガバナンスモードでは、特別なアクセス許可を持たない限り、ユーザーはオブジェクトのバージョンの上書きや削除、もしくはロック設定の変更をすることはできません。これにより、ガバナンスモードではほぼ全てのユーザーのオブジェクトの削除を防止します。ただし必要に応じて一部のユーザーにリテンション設定の変更、またはオブジェクトの削除を許可することができます。

コンプライアンスモードはより厳しい設定です。AWSアカウントのrootユーザーを含め、ユーザーが、保護されたオブジェクトのバージョンを上書きまたは削除することはできません。コンプライアンスモードでオブジェクトをロックすると、そのリテンションモードを変更することはできず、保持期間を短縮することはできません。このように、コンプライアンスモードでは、保持期間中にオブジェクトのバージョンを上書きまたは削除できないようにします。

重要度：★★★★★

Section 6-28

S3 ⑤

⚙Point

Amazon S3での誤削除防止のために、バージョニングは基本である。

6

Amazon S3のバージョニングとは、同じバケット内でオブジェクトの複数バージョンを持つ手段をいいます。S3のバージョニング機能を使用すると、バケットに保存された全てのオブジェクトの全バージョンを、保存、取得、復元することができます。バージョニングの使用により、意図しないユーザーの誤った操作からも、簡単に復旧することができます。

バージョニングを有効にしたバケットは、オブジェクトを誤って削除したり上書きしたりしたとしても、復元が簡単です。例えば、オブジェクトを削除した場合、Amazon S3はオブジェクトを完全に削除するのではなく、削除マーカーというものを挿入します。その削除マーカーが、最新のオブジェクトバージョンとして認識します。そして新たにオブジェクトを上書きすると、それがバケット内の新しいオブジェクトバージョンになります。

重要度：★★★★

Section
6-29

S3 ⑥

🔖**Point**
Amazon S3のMFA Delete機能は、万一のバージョニングの誤操作に対応したセキュリティ強化機能である。

　バージョニングは誤削除に対する防止機能です。しかしバージョニングを有効にしたとしても、バージョンIDを指定して削除操作をした場合は、そのデータは削除されます。そこで、そうした場合でもデータを保護するために、S3 MFA Delete機能を利用してセキュリティを強化できます。

　S3 MFA Deleteは、バージョニング機能のオプションとして動作します。Amazon S3バケットでS3バージョニングを行うときに、MFA（多要素認証）Deleteが有効になるようにバケットを設定すれば、セキュリティをさらに強化できます。

　MFA Deleteでは、次のいずれかの操作で、追加認証が必要になります。

- バケットのバージョニング状態を変更する。
- オブジェクトバージョンを完全に削除する。

　またMFA Deleteでは、2つの認証形式の組み合わせが必要です。

- セキュリティ認証情報
- 有効なシリアル番号、スペース、および承認済みの認証デバイスに表示される6桁のコードを連結した文字

Section 6-30 AMI

🔍Point

AWS AMIのLaunchPermissionにより、特定のAWSアカウントとAMIを共有できる。

Amazon Machine Image（AMI）は自アカウント内で作成したゴールデンイメージですが、これを他のAWSアカウントと共有することができます。他の全てのAWSアカウントでAMIを使用してインスタンスを起動できるようにするには、AMIをパブリックにする方法があります。また特定のアカウントのみがAMIを使用してインスタンスを起動可能にする方法については、LaunchPermissionを指定することにより可能になります。

EC2の状態を簡単に保存したり、複製したりできるAMIですが、単なるイメージバックアップだけではなく、次の用途に利用することができます。

- AMIの共有
- AMIのコピー
- 他リージョンへのコピー
- スナップショットの暗号化

重要度：★★★★

Section
6-31

DynamoDB②

> **Point**
> ポイントインタイムリカバリは、特定の日時を指定してデータを戻すことができる。

　Amazon DynamoDBテーブルのポイントインタイムバックアップ（PITR）は、テーブルのデータを自動でバックアップする仕組みです。過去35日間の任意の時点にテーブルを復元できます。特定の日時を指定して戻すことになります。

　ポイントインタイムリカバリを使用することで、DynamoDBテーブルに対する誤った書き込みや削除のようなオペレーションから保護できます。ポイントインタイムリカバリのオペレーションが、データベースのパフォーマンスやAPIでのレイテンシーに影響を及ぼすことはありません。

　また、35日以上過去のデータを保存する必要がある場合や、テーブル自体を誤って削除してしまうことに対応する場合には、DynamoDBのオンデマンドバックアップも併用することができます。

Amazon Web Services

Chapter 7

「高性能
アーキテクチャの設計」について
のベストプラクティス

高パフォーマンスかつスケーラブルなストレージやデータベース、高性能で伸縮
自在なコンピューティング、そして、スケーラブルなアーキテクチャを見ていきま
す。そして高性能なデータ取り込みと変換のソリューションを判断します。

重要度：★★★

Section 7-1　S3 ①

🔍Point

オンプレミスでストレージが不足した際のAWS利用として、AWS Storage Gatewayの使用が有効。

　Storage Gatewayは、オンプレミスとのハイブリッドなストレージサービスを提供します。Storage Gatewayでは、テープゲートウェイ、ファイルゲートウェイ、ボリュームゲートウェイの3つのゲートウェイタイプがあります。

　Storage Gatewayを利用するとオンプレミスとの低レイテンシーなアクセスを可能とし、S3、Glacier、Glacier Deep Archive、EBS、AWS Backupといった AWSのストレージサービスに接続し、ファイル、ボリューム、スナップショット、仮想テープの形態として、AWSのストレージを提供することができます。

　このユースケースは、オンプレミスでストレージスペースが不足しているため、AWSでデータを保存するソリューションになります。

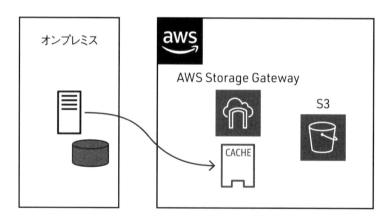

　Storage Gatewayはオンプレミスの拡張としてのクラウドでのストレージ利用になることを覚えておきましょう。

Route53

Point
Route53のヘルスチェックはインターネット経由でアクセスできるエンドポイントに使用可能であるため、オンプレミスにも使用できる。

これはRoute53ヘルスチェックを用いたDNSフェイルオーバー機能です。AWSには、様々なロードバランサーがありますが、インターネット経由で、DNSフェイルオーバーとして利用できるのはRoute53になります。この機能により、オンプレミスとのフェイルオーバーにも利用できます。

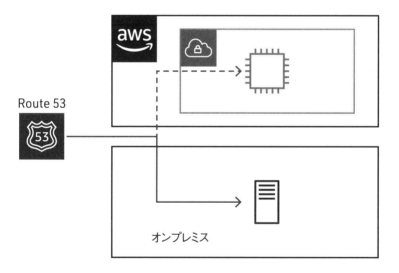

試験では、DNSフェイルオーバーを説明しているにも関わらず、ALB、NLB、CLBが出てくることが想定されます。DNSフェイルオーバーはRoute53と覚えておきましょう。

Section 7-3 EFS

⚙️Point

Amazon EFSは、EC2インスタンス向けのファイルストレージであり、高いスループットと可用性を実現する。

EFSはNFSアクセスを提供する分散ストレージです。複数AZのEC2インスタンスからの同時アクセスが可能なストレージになります。EFSとEBSプロビジョンドIOPSを比較すると、次の通りです。

	EFS	EBSプロビジョンドIOPS（io1）
データの保存	複数のAZに保存	単一のAZ
データアクセス	複数AZのEC2インスタンスから同時アクセス可、ファイル単位のアクセス	単一のAZの単一のEC2インスタンスから接続、ブロック単位のアクセス
スループット	数GB/秒	0.5GB/秒
ユースケース	ビッグデータと分析、メディア処理ワークフロー、コンテンツ管理、ウェブ配信、ホームディレクトリ	ブートボリューム、トランザクションおよびNoSQLデータベース、データウェアハウスとETL

EFSは、このようにEBSプロビジョンドIOPS（io1）と比較して理解すると良いでしょう。

なおEFSでは、アクセス頻度が低いワークロード向きのEFS IA(低頻度アクセス)のストレージクラスがあり、スタンダードよりもコスト低減が可能です。

Section 7-4 SQS ①

🔎Point

EC2のAuto ScalingとSQSキューが使用されるケースとしては、キューのサイズに基づくAuto Scalingのターゲット追跡スケーリングを設定して、CloudWatchで監視する方法が考えられる。

　アプリケーション例として、ビデオのアップロード情報をSQSのキューに保存し、その情報を処理するEC2アプリケーションをAuto Scalingでスケールするようなアーキテクチャが考えられます。この場合、キューのサイズをAuto Scalingのターゲット追跡スケーリングで構成し監視することが考えられます。

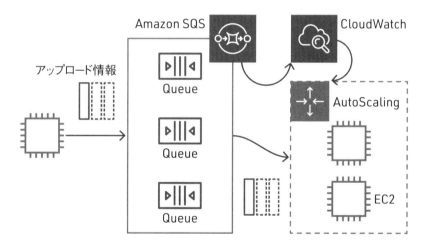

　これは、Auto Scalingのスケーリングタイプの1つであるターゲット追跡スケーリングの例になります。

EBS

> **Point**
> EC2とEBSを利用してデータベースを構築する場合、読み取りと書き取り性能を考慮して、EBSボリュームはプロビジョンドIOPS SSD（io1）にする。

　EBSのボリュームタイプについては第4章で紹介しましたが、確認のため各ボリュームタイプの主な用途について復習しておくと、以下の通りとなります。

- 汎用SSD（gp2）……システムブート、開発環境
- プロビジョンドIOPS SSD（io1）……RDBMSなどでgp2がIOPS不足の時
- スループット最適化HDD（st1）……DWH、大規模ログ分析など
- Cold HDD（sc1）……バックアップ、アーカイブなど

　読み取り、書き込みが多く発生するようなデータベースでのEBSの利用は、EBSとのスループットの改善のためにプロビジョンドIOPS SSD（io1）を選択することを覚えておきましょう。

Section 7-6 DynamoDB ①

Point

DynamoDBのテーブルでは、パーティションキー全体でアクティビティが均一になるようなアプリケーションを設計することが大切。

　DynamoDBでは、テーブルの各項目を一意に識別するためのプライマリキーがあります。プライマリキーは、シンプルなもの（パーティションキーのみ）、もしくは複合したもの（パーティションキーとソートキーの組み合わせ）で構成されています。パーティションキー全体で、アクティビティが偏りなく均一になるようなアプリケーション設計が大事です。

　DynamoDBのパーティションキーをうまく選択することは、スケーラブルで信頼性の高いアプリケーションを設計、構築する上で重要です。

テーブルレイアウト例

Item	Primary Key		Attributes		
	Partition Key	Sort Key			
	1	Id-a	Attribute	Attribute	
	1	Id-b	Attribute		
	2	Id-c	Attribute	Attribute	Attribute

　このように固定したスキーマを持たず、各Item毎にスキーマを持つため、開発の自由度が高くなります。またプライマリーキーを指定すると、それに対するバリューが問い合わされるというシンプルな構造は、キーをもとにしてデータを分散格納できるため、水平にスケールさせられます。ポイントにあるようにパーティションキーに偏りがないようにし、適切にデータを分散させる設計が望まれます。

Section
7-7
AMI

> **⚙Point**
> AMIには、インスタンスの起動に必要な情報が用意されているため、ベースAMIを
> 作成することにより、サーバーのビルド時間を短縮させることができる。

インスタンス起動時は、AMIの指定が必要です。同一設定で、複数のインスタン
スを起動できます。

AMIは、ソフトウェアの構成として、オペレーティングシステム、サーバー構成、
アプリケーションなどをまとめたテンプレートになります。AMIのコピーであるイン
スタンスを仮想サーバーとして起動します。ローンチ時には、起動許可（AMIを使
用しインスタンス起動の権限を特定のAWSアカウントに与えるもの）を付与します。
1つのAMIから、複数の異なるタイプのインスタンスを起動することもできます。

次のように、AMIのライフサイクルとして、AMIを作成（Create）し、登録
（register）したら、そのAMIを使って、新しいインスタンスを起動（Launch）します。
もしくは、AMIは同じリージョン内でコピー（Copy）することも、異なるリージョン
にコピーすることもできます。不要なAMIは登録を解除（deregister）します。

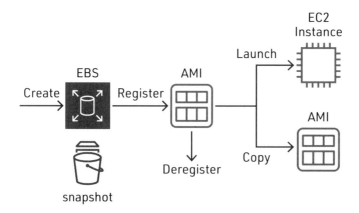

AMIには、上の図のようなライフサイクルがあることを覚えておきましょう。

重要度：★★★★★

Section
7-8
Aurora

🔍Point

商用データベースの速度、信頼性を持ち、レプリケーションラグが100ミリ秒未満という要件を満たすRDSはAuroraである。

ここではAmazon Auroraのパフォーマンス面の特徴を示します。

Auroraは、マネージドなMySQLおよびPostgreSQL互換のリレーショナルデータベースエンジンになります。商用データベースの速度と信頼性を保った上で、オープンソースデータベースの費用対効果を実現しています。MySQLの最大5倍、PostgreSQLの最大3倍のスループットを実現します。またAuroraレプリカは、通常、プライマリインスタンスの更新終了後、100ミリ秒より短い時間でレプリケーションを行います。

Auroraの主な特徴は、以下の通りです。

- 商用データベースの速度と信頼性
- オープンデータベースとしての費用対効果
- レプリケーションラグが100ミリ秒未満

Auroraは、パフォーマンスと信頼性と兼ね備えたオープンソースベースのDBソリューションです。商用データベースの置き換えを可能とする性能と信頼性がポイントになります。

Amazon Auroraグローバルデータベースを設定すると、複数AWSリージョンにまたがるAurora利用を可能にし、グローバルの各地域からの低レイテンシーな読み取りとともに、AWSリージョン全体障害からのBCP対策が可能です。Amazon Auroraグローバルデータベースは1つのプライマリ AWS リージョン（データ管理）と最大5つのセカンダリ AWS リージョン（読み取り専用）で構成します。

重要度：★★★★★

Section
7-9

Redshift

🔍Point

ペタバイトの構造化データに対して複雑な分析クエリを実行するのに適した構造化データベースは、Redshift です。

　Redshift は非常に高速なデータウェアハウスサービスです。リレーショナルデータベースは元々一貫性のあるトランザクション処理に適しているものですが、データウェアハウスは同じSQLベースでも、列指向のデータベースと言われます。これは通常のリレーショナルデータベースが行単位に処理することに対して、データの列に対した高速処理をするものです。この特性のため、分析アプリケーションに使用されます。

　このような列指向データベースは、他のNoSQLデータベースと同様に、水平スケーリングができます。低コストの分散クラスターを使用し、スケールアウトすることで高い費用対効果でスループットを向上させます。このため、ペタバイトクラスの構造化データウェアハウスとして活用され、ビッグデータ分析処理に最適です。

　Redshift の主な特徴は、次の通りです。

- 世界最高速のデータウェアハウス
- ビックデータ分析処理に最適
- ペタバイトクラス
- 列指向データベース

　Redshift がデータウェアハウスであることは覚えておきましょう。

Section 7-10 S3 ②

> **Point**
> Cross-Origin Resource Sharing（CORS）は、特定ドメインのクライアントウェブアプリケーションが異なるドメイン内のリソースと通信する設定です。

Cross-Origin Resource Sharing（CORS）は、別のドメインにあるリソースとの通信の設定です。

ブラウザーには、通常、セキュリティ上、クロスサイトスクリプティング防止のために、クロスドメイン通信を拒否する仕組みがあります。しかし、CORSは、この仕組みの例外として働き、特定のドメインからロードされたクライアント側のウェブアプリケーションが、別のドメイン内のリソースと通信できるように設定できます。

CORSによってクライアント側のウェブアプリケーションから、別ドメインにあるS3リソースに対するアクセスを選択的に許可することができるようになりました。そのため、CORSを使うことで、S3を使用したクライアント側ウェブアプリケーションを構築できます。

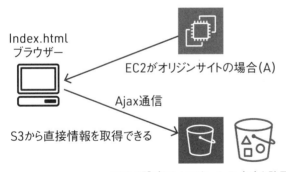

Index.html ブラウザー

EC2がオリジンサイトの場合(A)

Ajax通信

S3から直接情報を取得できる

COLS設定でオリジンサイト(A)を許可

異なるドメイン内のリソースと通信する際には、CORSを利用することを覚えておきましょう。

Section 7-11 DynamoDB②

> **Point**
> データベースとして、JSONドキュメントの保存、インデックスの可用性、Auto Scalingが必要な時は、DynamoDBが適している。

　DynamoDB はあらゆる規模に適した高速で柔軟な非リレーショナルデータベース（NoSQL）のフルマネージドサービスです。DynamoDBにより、NoSQLとしての分散データベースの運用とスケーリングするための管理の負荷が軽減できます。

　通常、NoSQLとして分散データベースを管理しようとすると管理負荷は高くなります。ハードウェアのプロビジョニング、設定と構成、スループットを考慮した容量のプランニング、DBのレプリケーション、ソフトウェアパッチの適用、クラスターのスケーリングが発生します。

　NoSQLの利用方法として、JSONドキュメントの保存といった簡単にデータベースを利用したい時などでは、こうしたマネージドサービスは非常に便利です。クラウドのインフラストラクチャの考慮を気にせずに、開発者がデータベースを簡易に利用できます。

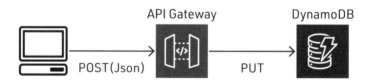

　DynamoDBはJSONドキュメントの保存にも最適なDBであることを覚えておきましょう。

重要度：★★★★★

Section
7-12 DynamoDB ③

🔖Point

データベースにおいて拡張性が重視されるケースで、書き込んだら修正がほとんどない、一度に複数レコードへのアクセスがないといった場合は、NoSQLである DynamoDB が候補と考えられる。

リレーショナルデータベース（RDB）は、トランザクションの4つの特性である Atomicity（原子性）、Consistency（一貫性）、Isolation（独立性）、Durability（永続性）の頭文字からなるACID特性を持ち、トランザクション処理にあたっては、即時に一貫したデータの整合性を保証し、処理が途中で失敗した際は、ロールバックしてそれまでの処理はなかったことにします。このように整合性をもってデータを更新させるため、データベースを水平的に分散してスケールアウトするのが困難な点があります。

一方、NoSQLはRDBと異なり、トランザクション処理において、ACID特性を保証しません。代わりにBASE特性を持ちます。BASEとは、Basically Available（基本利用可能）、Soft-state（柔軟な状態）、Eventual Consistency（結果整合性）の頭文字からなる特性であり、トランザクション処理にあたり、データの更新においては古いデータが存在する時間も許容したモデルです。スキーマを固定しないシンプルな構造のため、データベースを水平的に分散してスケールアウトすることが容易になります。

このようにNoSQLデータベースは、柔軟でスケーラブル、高性能かつ高機能なデータベースを実現します。レコードの更新より、データは追加が多く、一度書き込んだら修正がない処理に適しています。

7

Section 7-13 CloudFront

> **🔍 Point**
> CloudFrontのキャッシュに保持する時間は、TTL（Time to Live）値の設定により制御できる。

　CloudFrontキャッシュに保持する時間はTTL値で制御できます。設定するTTL値の期間を短くすると動的なコンテンツに対応します。反対に、期間を長く設定すると、元々のサーバーやストレージ（オリジン）にファイルを取りにいかなくなるため、ユーザー側のパフォーマンス向上とともに、オリジン側の負荷軽減になります。

　CloudFrontの設定では、キャッシュの保持期間としてMinimum TTL（最小TTL）、Maximum TTL（最大TTL）、Default TTL（デフォルトTTL）を設定できます。これらを0秒に設定した場合、CloudFrontは常にオリジンからの最新コンテンツがあることを確認するような動作になります。

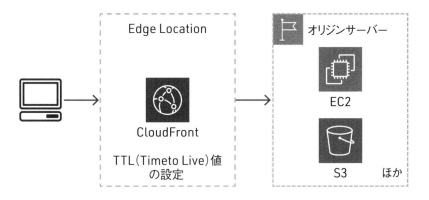

　動的コンテンツに対応させる目的で、TTL値を0秒に設定することがあることも押さえておきましょう。

重要度：★★★★★

Section

7-14 ALB

🔍 Point

コンテナベースのウェブアプリケーションで、業務毎にURLパス（/aaaa、/bbbbなど）を分けて、URLパス毎にスケーリングさせることは、ALBのパスベースルーティングで可能。

ALBでは、URLパスに応じてリクエストを転送するリスナーを設定することができます。またそのURLパス毎にスケーリングさせることもできます。これが、ALBのパスベースルーティングになります。

マイクロサービスとして実行している際に、パスベースルーティングを使用してマルチコンテナベースの複数のバックエンドサービスにトラフィックを転送することができます。これにより、あるURLパスには全般的なリクエストを転送し、特定業務については、別のURLパスにリクエストを分けるような管理が可能です。

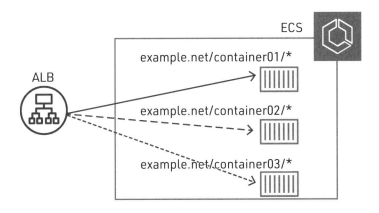

ALBには、パスベースのルーティングがあることを覚えておきましょう。

Section 7-15 Lambdaの実行時間

Point

AWS Lambda関数は最長15分間の実行時間を設定できる。

　Lambda関数の最長実行時間（タイムアウト）は、15分までの任意の値に設定可能です。この指定したタイムアウトに達すると、AWS LambdaはLambda関数の実行を終了します。

　以前は、Lambda関数のタイムアウトは5分間だったため、Lambda関数では実行時間が長いアプリケーションの使用は避けることがベストプラクティスでした。

　しかし、最長15分間の実行時間を設定できるようになったことから、ビッグデータ分析、バルクデータ変換、バッチイベント処理、統計計算などの利用も容易になりました。

　そのため、想定される実行時間を元にしてタイムアウトを設定することと、あまり長時間実行を続けないようにすることが、ベストプラクティスとなります。

Section 7-16 Amazon FSx for Windows

💡Point

SMBとは、構内ネットワーク（LAN）上の複数のWindowsコンピュータの間で
ファイル共有やプリンタ共有などを行うためのプロトコル。これをサポートした、
Windowsビジネスアプリケーション向けのAWSのサービスがAmazon FSx for
Windows。

　Amazon FSx for Windowsを利用すると、SMBプロトコルを用いた一般的な
Windowsファイルシステムを AWSで実行可能です。Amazon FSxではハードウェ
アプロビジョニング、ソフトウェア設定、パッチ適用、バックアップなどの時間のか
かる管理タスクを回避しながら、広く使用されているオープンソースと商用ライセン
スファイルシステムの豊富な機能セットと高速パフォーマンスを活用できます。

　またWindowsビジネスアプリケーション向けのAmazon FSx for Windowsファ
イルサーバーの他に、Amazon FSxには、機械学習、高性能コンピューティング
（HPC）、ビデオレンダリング、金融シミュレーションといった高性能が必要なワーク
ロード向けのLustre（ラスター）を活用できるもの（Amazon FSx for Lustre）も
あります。このLustreは、世界中で最も人気のある高性能なオープンソースファイ
ルシステムです。

Section 7-17 API Gateway

> 🔎**Point**
> Amazon API Gateway でAPIキャッシュを有効にすると、エンドポイントのレスポンス
> がキャッシュされるようにできます。

　Amazon API Gatewayは、APIの公開、保守、モニタリング、セキュリティ保護
を簡易に実施可能なフルマネージドサービスです。Amazon EC2、Amazon ECS、
AWS Elastic Beanstalkのアプリケーション、AWS Lambdaの関数コードなど、
バックエンドサービスのデータやビジネスロジックにアクセスすることができるAPI
を作成することができます。

　Amazon API Gatewayでは、APIキャッシュを有効にすることで、エンドポイン
トのレスポンスがキャッシュされるようにできます。キャッシュを有効にすると、エン
ドポイントへの呼び出しの数を減らすことができ、APIリクエストのレイテンシー短
縮に効果的です。

　キャッシュを有効にすると、API Gatewayは秒単位で指定できる有効期限
（TTL）が切れるまで、エンドポイントからのレスポンスをキャッシュします。その
後、API Gatewayは、エンドポイントへのリクエストを行う代わりに、キャッシュか
らのエンドポイントレスポンスを確認してリクエストに応答します。

　APIキャッシュのデフォルトのTTL値は300秒です。最大のTTL値は3600秒
です。TTL=0にするとキャッシュは無効になります。

重要度：★★★★★

Section
7-18

EC2 インスタンスストア

🔍 Point

Amazon EC2にはインスタンスストアと呼ばれる直接接続されたブロックデバイスストレージの形式があり、データの永続化はされないが、EBSより高いI/Oパフォーマンスが可能になる。

　一部のAmazon EC2インスタンスタイプには、インスタンスストアというEC2に直接接続されたブロックデバイスストレージの形式があります。このインスタンスストアのボリュームに格納されたデータは、インスタンスの停止、終了、あるいは障害によってデータの永続化はされません。しかし一時記憶する用途には理想的なストレージです。

　データの永続化と保存の目的、そしてデータの暗号化には、代わりにAmazon EBSボリュームが適切です。EBSボリュームは、インスタンスの停止と終了によってデータを保存し、EBSスナップショットでバックアップでき、1つのインスタンスから削除して別のインスタンスに再接続し、フルボリューム暗号化をサポートすることも可能です。

　インスタンスストアはEBSのようにデータが永続化されない一方で、EBSより高IOPS、高スループット、低レイテンシーのストレージになります。そのため、高いI/Oパフォーマンスが必要な一時ストレージに最適です。データの永続化は必要ないが、とにかく高いI/Oパフォーマンスが必要といった要件には、このインスタンスストアの利用が適しています。

7

Global Accelerator

> **🔍Point**
> AWS Global Accelerator は、AWS ネットワークを利用することでトラフィックを最適化し、可用性とパフォーマンスを改善するネットワークサービスである。

AWS Global Acceleratorは、着信するトラフィックを複数のAWSリージョンにルーティングする、ネットワークのサービスです。AWSが世界中に張り巡らしているグローバルネットワークを使用します。これにより世界中のユーザーが利用するようなグローバルなアプリケーションの可用性とパフォーマンスを改善することができます。ケースによってはトラフィックのパフォーマンスを60%改善させることができます。これはAWS Global Acceleratorによって、AWSサービスへの固定エントリポイントとして機能するスタティックIPアドレスを提供することによって実現します。

AWS Global Accelerator を使用しない場合

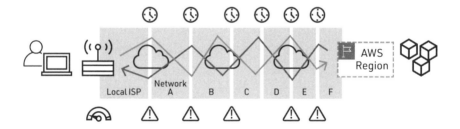

AWS Global Acceleratorを使用した場合

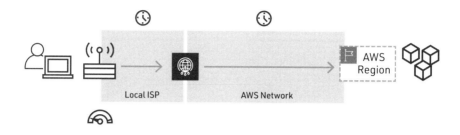

（AWSサイト https://aws.amazon.com/jp/global-accelerator/ より）

　AWS Global Acceleratorを使用することにより、グローバル規模のアプリケーション でもアクセスの遅延を低減でき、適切なユーザーエクスペリエンスが提供可能です。また耐障害性にも優れた設計のため、高い可用性を提供できます。

重要度：★★★★

Section 7-20

DynamoDB ④

> **🔎 Point**
>
> DynamoDB Auto Scalingにより、予測不能なスループットキャパシティの自動管理
> ができる。

　データベースワークロードでは昼間と夜間のスループットの違いなどを、ユーザー
があらかじめ予想して対処したりします。しかし急激なトラフィックの変化がある場
合には、動的にキャパシティが変化していくような使い方が望まれます。

　Amazon DynamoDB Auto ScalingはAWS Application Auto Scalingサー
ビスを使用してスループットの性能を動的に変化させることができます。実際のト
ラフィックパターンに応じて、ユーザーに代わって動的に調節します。これにより、
テーブルまたはグローバルセカンダリインデックスで、プロビジョンされた容量が拡
張され、急激なトラフィック増をスロットリングの必要なく処理できるようになりま
す。ワークロードが減るとApplication Auto Scalingはスループットを抑えて、未使
用の容量に料金が発生しないようにします。

Section
7-21 **EC2**

☜Point
EC2インスタンスの起動には、起動設定ではなく、起動テンプレートを利用する。

　起動設定および起動テンプレートは、EC2インスタンスを起動するために、AutoScalingグループで使用される設定です。推奨される構成は、起動設定ではなく起動テンプレートです。

　起動設定は以前の設定方法で、変更は許可されていないものであり、毎回再作成する必要がありました。

　起動テンプレートでは Amazon EC2の最新機能を使用できるようになります。また起動テンプレートは起動設定と比較すると設定可能な項目が多いため、細かいユースケースに対応することが可能です。それに起動テンプレート単体でEC2起動が可能であるため、AMIからの手動による起動が楽です。

　起動テンプレートを使用することで、急にEC2インスタンスの数を増やすといった場合にも、すぐに対応でき、同一構成のEC2インスタンスをすぐに立ち上げることができるため、ヒューマンエラーの発生を抑えることができます。

7

Section
7-22

SQS ②

> **🔍Point**
> Amazon SQSでは、データプロデューサーとデータコンシューマーを分割することにより、アプリケーションを疎結合する。

　データ送信側アプリケーションをデータプロデューサーといい、Amazon SQS（キュー）にメッセージを送り、データ受信側アプリケーションであるデータコンシューマーがAmazon SQSからメッセージを取得するという通信形態を取ります。これにより、送信側と受信側の疎結合が実現します。

　つまりプロデューサーとは、Amazon SQS（キュー）にメッセージを送信する側のアプリケーションやシステムです。このプロデューサー側のアプリケーションはAWS SDK（ソフトウェア開発キット）を利用して開発することができます。

　またコンシューマーはAmazon SQS（キュー）のメッセージを受け取る側のアプリケーションですが、自動的に受け取るのではなく、キューに対してメッセージを定期的に確認しにいきメッセージがあれば取得する「ポーリング」という方式を利用します。

　このプロデューサーとコンシューマーのやり取りの中、キューから送られてくるメッセージの増減に応じてコンシューマーの数も増減させ、スケーラブルなアーキテクチャの設計が可能です。

Section 7-23 CloudWatch

🔍Point

CloudWatchの複合アラームにより、複数の条件を組み合わせたアラームを設定できる。

Amazon CloudWatchの複合アラームは、あらかじめ構成されている子アラームの状態を監視対象にできるアラームの設定です。これにより、監視対象のアラームを複数指定でき、いろいろなルール式を設定することが可能です。ルール式では各アラームの評価を関数として使用します。

複合アラームを使用すると、アラームによる誤りを低減できます。例えば、特定の条件を満たす場合にのみ、ベースとなるメトリクスのアラームがALARM状態になるような複合アラームを作成できます。

またベースとなるメトリクスのアラームがアクションを実行しないように設定することもでき、それらの設定がALARM状態になったときに初めて複合アラームがALARM状態になるように設定することが可能です。

また通知を送信したりするような設定もできます。

現在、複合アラームでは、次のアクションを実行できます。

- SNSトピックの通知
- AWS Systems Manager Ops CenterでのOpsItemsの作成
- AWS Systems Manager Incident Managerでのインシデントの作成

S3 ③

⚙Point

S3バッチオペレーションを使用すると、数十個から数十億個のオブジェクトを管理可能になる。

S3バッチオペレーションはAmazon S3のデータ管理機能です。Amazon S3マネジメントコンソールからの数回のクリックや、1回のAPIリクエストによって、数十億個ものオブジェクトを大規模に管理できます。そのためペタバイト規模のデータに対して単一のリクエストでアクションを実行できることになります。

この機能を使用して、オブジェクトメタデータとプロパティの変更や、その他のストレージ管理タスクを実行できます。

- オブジェクトのバケット間でのコピーまたはレプリケート
- オブジェクトタグセットの置き換え
- アクセスコントロールの変更
- S3 Glacier からのアーカイブオブジェクトの復元など

これらのタスクを大規模に行うには、バッチオペレーションがない場合、特別なアプリケーション開発が必要になり期間を要します。

S3バッチオペレーションで作業を実行するには、ジョブを作成します。S3バッチオペレーションで複数ジョブの同時実行も可能であり、必要に応じてジョブの優先順位を設定することも可能です。

Section 7-25 S3 ④

⚙Point

S3イベント通知（Event Notification）により、S3バケットで特定のイベントが発生したときに、通知を受け取ることができる。

Amazon S3イベント通知機能を使用することにより、S3バケットで特定のイベントが発生したときに、通知を受け取ることができます。イベントを識別する通知設定を追加することで、通知を有効にできます。Amazon S3から通知を送信する宛先も指定し、バケットに関連付けられた通知サブリソースに保存します。

現在、Amazon S3は次のイベントの通知を発行できます。これらを受けてAWS Lambda関数を実行するようなアプリケーションが開発できます。

- 新しいオブジェクトがイベント作成
- オブジェクトの削除イベント
- オブジェクトイベントの復元
- 低冗長化ストレージ（RRS）オブジェクトがイベント紛失
- レプリケーションイベント
- S3ライフサイクルの有効期限イベント
- S3ライフサイクルの移行イベント
- S3 Intelligent-Tiering自動アーカイブイベント
- オブジェクトのタグ付けイベント
- オブジェクトACL PUTイベント

重要度：★★★★★

Section
7-26

Lambda

🔖Point

LambdaとAmazon RDSの間に、RDSプロキシを設定することにより、コネクション
過負荷の課題を軽減できる。

　AWSのサーバーレスにおいては、需要に応じて自動的にリソースが増減するア
プリケーションを構築することが可能です。たとえば、Amazon API Gatewayと
AWS Lambdaは、大量アクセスがある間、トラフィックに応じて自動的にスケール
します。

　このサーバーレスプラットフォームであるLambdaを利用する場合、多くの開発者
はリレーショナルデータベースに保存されたデータにアクセスする必要が出てくるこ
とでしょう。しかしLambdaからAmazon RDSのデータベースに接続した場合、多
数のコネクションによって過負荷を起こす懸念があります。特にリレーショナルデー
タベースの最大同時接続数は、データベースのサイズによって異なるため、この接
続におけるコネクションでの限界が発生します。Lambda関数は数万の同時接続
数までスケールできますが、それに対応するためにデータベースではコネクションを
維持するための多くのリソースが必要になります。

　RDSプロキシは、アプリケーションとAmazon RDSデータベースの間の仲介役
として機能します。RDSプロキシは、必要となるデータベースへのコネクションプー
ルを確立および管理し、アプリケーションからのデータベース接続を少なく抑える
ことができます。またデータベースへのSQL呼び出しにもRDSプロキシを使用でき
ます。

重要度：★★★★

Section
7-27

DataSync

> **🔖Point**
>
> AWS DataSyncは、オンプレミスとAWSのストレージ間のデータ移動を自動化する
> オンラインサービスである。データはJSONファイルなどが扱える。

AWS DataSyncは、オンプレミスとAWSストレージサービス間のデータ移動を自動化することができます。AWSでデータを移行する先といえば、S3に移される例が多いかと思いますが、DataSyncではS3以外にもEFSやFSxなど、他のストレージサービスへの移行がサポートされている他、帯域制御の設定も可能な点もポイントです。

移行先では、Network File System（NFS）共有、Server Message Block（SMB）共有、Hadoop Distributed File System（HDFS）、AWS Snowcone、Amazon S3バケット、Amazon EFSファイルシステム、Amazon FSx for Windows File Serverファイルシステム、Amazon FSx for Lustreファイルシステム、Amazon FSz for OpenZFSファイルシステム、そしてAmazon FSx for NetApp ONTAPファイルシステムとの間でデータをコピーできます。

またAWS上でも、AWS上にあるデータの複製を別のストレージサービスに持っておく（例えばEFSからS3に同期するために使うなど）といった使い方もできます。

7

Chapter **8**

「コスト最適化
アーキテクチャの設計」について
のベストプラクティス

この章では、コスト最適化に向けたアーキテクチャの選択について確認します。
特にS3, EBSのストレージとEC2のコンピューティングが中心になります。

ECS

Section 8-1

💡Point

ECS利用における管理作業を最小限にするためには、Fargateを利用する。

　ECSはコンテナサービスですが、トラフィック増に伴い、インフラストラクチャの
プロビジョニングといった管理作業が発生してきます。そこでFargateというECS
の起動タイプを用いることによって、必要に応じて起動する方式を取ることができ
ます。これによりプロビジョニング作業が不要になり、自動スケーリングができるよ
うになります。

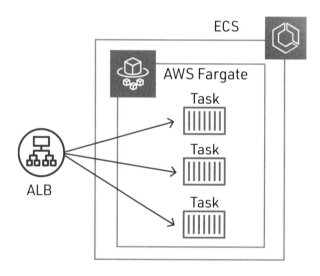

　ECSの起動タイプとして、Fargate起動タイプの他には、EC2起動タイプがあり
ますが、要件として管理負荷の低減が求められている場合はFargeteの選択が適
切です。

Section 8-2 EBS ①

> **⚗Point**
>
> EBSのポイントインタイムスナップショットでは、増分バックアップして、単一のスナップショットを維持することにより、ストレージコストを節約できる。

これはEBSの増分スナップショットについての説明になります。

最初に新規にスナップショットを取得する段階では、10GBのデータなら、10GBの全体データをコピーします。その後に変更もしくは追加されたデータがあれば、その差分のみをスナップショットとして取得するという方式になります。

これにより、毎回全体のスナップショットを取るのに比べて、全体で必要とされるストレージ容量を最小限にすることができます。

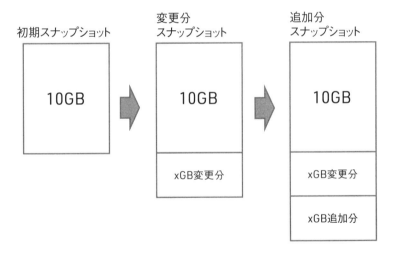

EBSは増分スナップショットにより、ストレージコストを節約していることを覚えておきましょう。

EC2 ①

☆Point

常時稼働しているEC2インスタンスが多くある場合、リザーブドインスタンスを活用する。

リザーブドインスタンスは、オンデマンドインスタンスに比べて料金が大幅に割引となります。リザーブドインスタンスでは、アプリケーションニーズに最適なタイプ（購入オプション）を選択できます。

リザーブドインスタンスの購入オプションについては第4章でも説明しましたが、ここで再確認しておくと、以下の種類があります。

■ スタンダード

1年および3年のコミットメント期間。前払い／一部前払い／前払いなしの支払いオプション。リージョナル／ゾーンというスコープの違い。共有／専有というテナンシーの違いなどあり。

割引率が最も高い（最大でオンデマンド料金の72%割引）。

■ コンバーティブル

スタンダードRIより割引は少ないが（最大でオンデマンド料金の54%割引）、別の上位属性のコンバーティブルRIと交換可能。

■ EC2 Instance Savings Plans

Savings Plansは1年または3年の期間で使用量（USD/時間で測定）を契約するもので、オンデマンドと比較し最大72%節約になる。つまり常時稼働（RI）の場合でなくとも、使用量を最初にコミットすれば割引くもので、柔軟性あり。

Section 8-4 Redshift

🔍Point

手動スナップショットを削除し、コストを最小限に抑える。

　Redshiftのスナップショットについての説明になります。スナップショットはクラスターのポイントインタイムバックアップとして、自動と手動の2つのタイプがあります。

　RedshiftはEBS同様に、前回のスナップショットを使用して、スナップショットをS3に保存できます。Redshiftでは、EBS同様に、前回のスナップショット以降にクラスターに加えられた増分変更を取得する増分スナップショットを自動的に作成します。この自動スナップショットで、スナップショットからクラスターを復元するために必要なデータを保持しています。

　また手動スナップショットはいつでも取得できます。ただ手動スナップショットはデフォルトではクラスターを削除した後も、継続して保持されるため、ストレージ容量を多く使い、コスト増につながるケースがあります。そこで、手動スナップショット作成にあたり、保持期間を指定するか、削除することが推奨されます。

　データベース関連のコスト削減にあたっては、不要なバックアップをしない方法が考えられます。Redshiftといったデータウェアハウスは、入力データとして蓄えられたS3のデータからも作成されていることが多いため、自動、手動ともスナップショットを無効にするケースがあります。

Section 8-5 Organizations

⚡Point

EC2、S3は使用量が増えると、ボリュームディスカウントが効いてくる。このため、Organizationsの一括請求機能が効果的。

　AWS Organizationsを使用すると、一括請求（コンソリデーティッドビリング）を使用して、組織内の全てのAWSアカウントに対して単一の支払い方法を設定できます。

　一括請求（コンソリデーティッドビリング）を使用すると、全てのアカウントで発生した料金をまとめて確認できるだけでなく、それぞれのアカウントのサービス使用量を集約し、Amazon EC2やAmazon S3の従量制割引などの料金面の恩恵を受けることができます。

　一括請求をした場合、AWSは全てのアカウントの使用量を合算し、適用すべきボリューム料金階層を決定するため、請求全額は可能な限り低いものになります。そして各連結アカウントの使用量に基づき、それらに全体のボリューム割引部分を割り当てます。

　パフォーマンスや仕様を変更せずに、請求額の割引を検討するためのサービスとして、押さえておきましょう。

Section 8-6 EBS ②

> 💡**Point**
>
> EBSのボリュームタイプの選択で、ボリュームのサイズが10GBなど小さい場合は、
> gp2が一番安い。

　EBSのボリュームタイプの選択は、EC2ベースのアプリケーション構築において
はコスト決定の重要な設計要素になります。EBSではそれぞれのタイプによって、
パフォーマンスと料金が異なります。そのため、どのようなアプリケーションを構築
するかといったニーズに応じて選択することが、コストを最適化する上で重要になり
ます。

　EBSのボリュームタイプを大別すると、メモリに保存するSSDと、ハードディスク
に保存するHDDに大別されます。簡単に表にします。

	SSD	HDD
特徴	小さく煩雑な読み書き用	大きなストリーミングデータ用
ボリュームサイズ	gp2：1GB 〜 16TB、io1：4GB 〜 16TB	125GB 〜 16TB
単位あたりの料金	高い（HDDの倍ぐらい）	安い

　こうしてみると、HDDタイプの方が単純に安いと思いがちですが、例にあるよう
に必要なボリュームサイズが10GBであると、初期設定で最小125GBが求められる
HDDよりも、設定の単位が1GBからのgp2の方が、安くなります。

　設問の文章をよく読んだ上で、要件にあった最も安いEBSボリュームを選択しま
しょう。

Section
8-7

EC2 ②

💡**Point**

EC2インスタンスの購入オプションの選択で、処理時間がかかるが、途中でアプリケーションが中断しても良い場合は、スポットインスタンスを選択すると費用対効果が高い。

スポットインスタンスは、未使用の余ったEC2インスタンスをリクエスト（入札）して使用するもので、低価格（スポット料金）で購入できます。

ただし利用者がスポットインスタンスの停止や開始をすることはできません。余剰のインスタンスが利用できなくなった場合や、スポット料金が上限価格を上回る場合、またはスポットインスタンスへのリクエストが増大した場合に、スポットサービスがスポットインスタンスを停止します。

そのため、アプリケーションを実行する時間に柔軟性がある場合や、勝手に停止されても中断後も再開できるアプリケーションであれば、費用効率の高い選択肢です。データ分析、バッチジョブ、バックグラウンド処理に適しています。

アプリケーションの用途に応じて費用対効果の高いEC2インスタンスの選択が必要です。

Section 8-8 S3 ①

🔆Point

S3のストレージクラスの中で、即時に取り出せるが、煩雑なアクセスは必要なく、高可用性と費用対効果の高い要件を満たすのは、S3標準-IA。

S3のストレージクラスについては、第4章で詳しく説明していますが、次の4つの種類があります。

- S3標準
- S3 Intelligent-Tiering
- S3標準－低頻度アクセス（S3標準-IA）
- S3 1ゾーン－低頻度アクセス（S3 1ゾーン-IA）

このうち低頻度アクセス（Infrequent Access）は、文字通り煩雑なアクセスが不要なユースケース向きのストレージクラスです。

間違えやすいのは、S3 1ゾーン-IAの方が低コストですが、1AZ内での保存であるため可用性を犠牲にしています。設問に高可用性とあれば、S3標準IAを選びましょう。

Section 8-9 EBS ③

🔧Point

EBSのストレージオプションの選択で、スループットが最大500MB/秒必要なストレージの選択では、EBSスループット最適化HDD（st1）が費用対効果が高い。

EBSのボリュームタイプについては、第4章で紹介していますが、ここではスループットに注目して再確認してみましょう。

ボリュームタイプ	ボリュームあたりの最大スループット
汎用SSD（gp2）	128MB/秒～250MB/秒
汎用SSD（gp3）	1,000MB/秒
プロビジョンドIOPS SSD（io1/io2）	1,000MB/秒
スループット最適化HDD（st1）	500MB/秒
Cold HDD（sc1）	250MB/秒

試験ではストレージオプションの選択問題が問われるケースが想定されますが、スループットという用語が使われると、HDDが適切な選択肢になります。

Section
8-10　S3 ②

🖋Point

同一リージョン内のAmazon S3バケット間、またはAmazon S3から他のサービスへの転送は無料である。

Amazon S3では課金されるのは（S3からの）送信だけです。受信（S3へのアップロード）は無料です。また、次のS3とのデータ転送は無料になります。

- インスタンスがS3バケットと同じAWSリージョンにある場合、Amazon EC2インスタンスに転送されたデータ。
- Amazon CloudFrontに転送されたデータ。

Amazon S3で、S3からの送信データが多いためにコストがかかってしまうケースがある時は、上記のように同一リージョンのAmazon EC2に転送して処理をするとか、CloudFrontへ転送する（CloudFrontでも同じくデータ転送に課金が発生しますが、データ量によってS3よりもコスト低減できる可能性があります）といった方法を、コスト低減の観点から検討することも大切です。

一方、Amazon S3 Transfer Accelerationを使用して転送されたデータに対しては料金がかかります。

Section
8-11 S3 ③

🔧Point
Amazon S3ライフサイクルポリシーを設定することにより、コスト効率の良いストレージ利用が可能。

　Amazon S3では、あるオブジェクトのデータの使用度合いによって、保存するストレージを変更することができます。日数が経ち、アクセスがされなくなっているにもかかわらず、高価なストレージをそのまま使う必要はありません。そこで、Amazon S3ではオブジェクトのデータの使用度合いを勘案し、ライフサイクルを設定することにより、コスト効率の高い方法で保存することができます。

　S3ライフサイクル設定は、Amazon S3がオブジェクトのグループに適用するアクションを定義するルールのセットになっています。次の2種類のアクションがあります。

■ トランザクションアクション

　別のストレージクラスにオブジェクトを移行するタイミングを定義するものです。例えば、作成から30日後にS3標準-IA ストレージクラスへのオブジェクト移行。作成から1年後にS3 Glacierへのアーカイブといった設定になります。ライフサイクル移行リクエストにはコストが発生します。

■ 有効期限切れアクション

　このアクションはオブジェクトの有効期限を定義するものです。Amazon S3はユーザーの代わりに、有効期限切れのオブジェクトを削除します。ライフサイクル有効期限切れコストは、オブジェクトの有効期限が切れるタイミングに応じて異なります。

Section
8-12 RDS

Point

開発環境などで、DBインスタンス停止により、コスト削減の運用ができる。

　一時的なテスト利用や日々の開発作業のために、断続的にDBインスタンスを使用する場合、コスト削減のために、Amazon RDS DBインスタンスを一時的に停止する運用をする場合があります。DBインスタンスが停止している間は、プロビジョニングされたストレージ（プロビジョニングされたIOPSを含む）とバックアップストレージ（指定された保存期間内の手動スナップショットと自動バックアップを含む）は請求されますが、DBインスタンスの利用時間としては課金されない運用が可能です。

　マルチAZ配置をサポートするデータベースエンジンの場合、DBインスタンスが単一AZで設定されていてもマルチAZで設定されていても、そのインスタンスを停止して再度起動することができます。

　ただし、DBインスタンスの停止には、次のような制約事項があります。

- リードレプリカが含まれているか、リードレプリカであるDBインスタンスは停止できない。
- マルチAZ設定のAmazon RDS for SQL Server DBインスタンスは停止できない。
- 停止されたDBインスタンスを変更することはできない。

Section 8-13 S3 ④

🔍Point
Amazon S3のコスト削減の方法として、利用者に支払ってもらう、リクエスタ支払い機能がある。

通常、Amazon S3のバケットのストレージおよびデータ転送にかかるコストはすべて、そのバケット所有者が負担します。ただしバケットを利用者に負担させることができます。これをリクエスタ支払い機能といい、バケットに設定することができます。

リクエスタ支払いバケットの場合、リクエストおよびバケットからのデータのダウンロードにかかる転送コストは、所有者でなくリクエストを実行した利用者が支払います。ただし、データの保管にかかるコストは常にバケット所有者が支払います。

例えば、アカウント間でのデータ利用で、所有者以外のアカウントがデータにアクセスする際に、データ所有者側が発生費用を負担したくないケースでは、リクエスタ支払いバケットの設定ができます。他のアカウントへの何らかの参照データ、ウェブクロールデータといった大規模なデータセットを参照させる際に、リクエスタ支払いバケットを設定する場合があります。

Chapter 9

アソシエイト試験実践問題 ＋AWSサービス用語集

この章では、実際の試験に臨むような形態で、練習問題を整理してあります。全部で25問用意しました。本番は65問で130分なので、1問あたり2分という時間があります。しかし練習のためには1問1分程度で集中して解いてみる方が良いでしょう。そのため30分を目安に解いてみてください。また、参考資料として最後に用語集も付けてあります。

Section 9-1 アソシエイト試験実践問題について

　この章では、アソシエイト試験の実践問題を提示し、解説します。

　第4章の終わりにも練習問題を付けましたが、同じ4択の選択問題でも、形式が異なることが見てとれると思います。具体的には、次のような違いがあります。

①問題文が長い。
②設問が用語の意味を求めているものではない。
③求めている要件に合致したものを選択する形式である。

　AWSの認定試験においても、クラウドプラクティショナー試験とアソシエイト試験を比べると、やはり上記の3点の違いがあります。そのため、初めてアソシエイト試験を受験された方は、1問1問の問題文が長いことに驚き、戦意喪失してしまうケースがあると聞きました。そうならないために、問題文の形式に慣れる目的でも、実践問題にチャレンジしてみてください。

　これまでの内容を理解されている方であれば、後は要件の組み合わせを見つけて理解した上で、ベストプラクティスを解答できれば、正解になります。

◉問題1

　この会社では、AWS利用にあたり、コストを最適化する必要があります。アプリケーションの構成としては、データ取得レイヤーとしてAmazon EC2インスタンス、フロントエンドレイヤーはFargate、APIレイヤーはLambdaになります。EC2インスタンスで実行されるワークロードは、随時中断も許容されます。またフロントエンドレイヤーとAPIレイヤーの使用率は想定がつき、今後1年間は継続利用されます。このアプリケーションの構成において、ソリューションアーキテクトは、最も費用効果が高いソリューションを提案する必要があります。最適な購入オプションの組み合わせは次のうちどれですか。(2つ選択)

A. データ取得レイヤーにオンデマンドインスタンスを使用する。

B. データ取得レイヤーにスポットインスタンスを使用する。

C. フロントエンドレイヤーとAPIレイヤーに1年間の全額前払いリザーブドインスタンスを購入する。

D. フロントエンドレイヤーとAPIレイヤーにスポットインスタンスを購入する。

E. フロントエンドレイヤーとAPIレイヤーに1年間のCompute Savings Planを購入する。

◉問題2

　この会社では、社内の全てのAWSアカウントに対し、その特定のサービスやアクションへのアクセスを制限することを計画しています。社内の全てのアカウントはAWS Organizationsに所属しています。このアクセス制限の設定は、拡張性があり、一元管理できる必要があります。このためにソリューションアーキテクトは何をすべきでしょうか。

A. ルートの組織単位(OU)にサービスコントロールポリシー(SCP)を作成し、サービスまたはアクションへのアクセスを拒否する。

B. ACLを作成して、サービスまたはアクションへのアクセスを拒否する。

C. セキュリティグループを作成し、サービスまたはアクションへのアクセスを拒否する。

D. 対象のアカウントにクロスアカウントロールを作成して、サービスまたはアクションへのアクセスを拒否する。

◉ 問題3

当社では、次のGroupPolicy1とGroupPolicy2という2つのIAMポリシーを作成しており、エンジニアの一人をIAMユーザーとしてIAMグループに追加しました。ここでエンジニアが実行できるアクションは次のうちどれですか。

GroupPolicy1

```
{
"version" : "2012-10-17",
"statement" : [
    {
    "Effect" : "Allow",
    "Action" : [
                "iam:Get * ",
                "iam:List * ",
                "ec2: * ",
                "rds : * ",
                "ds: * ",
                "logs : Get * ",
                "logs : Describe * "
                ],
    "Resource" : "*"
    }
            ]
}
```

GroupPolicy2

```
{
"version" : "2012-10-17",
"statement" [
    {
    "Effect" : "Deny",
    "Action" : "ds:Delete*".
    "Resource" : "*"
    }
            ]
}
```

A. Amazon CloudWatch Logs のログの削除
B. IAM ユーザーの削除
C. ディレクトリの削除
D. Amazon EC2インスタンスの削除

◉問題4

この会社のWebアプリケーションはEC2インスタンスを複数使用したLinux上で稼働しており、Amazon EBSにデータを保存しています。このたび、障害発生を考慮したアプリケーションリカバリーの実現のため、高可用性のストレージを検討しています。この要件を満たすために何をすべきでしょうか。

A. 複数のアベイラビリティーゾーンにわたるAuto Scalingグループを使用するApplication Load Balancerを作成。各EC2インスタンスストアをマウントする。
B. 複数のアベイラビリティーゾーンにわたるAuto Scalingグループを使用するApplication Load Balancerを作成。各EC2インスタンスにインスタンスストアをマウントする。Amazon EFSにデータを保存し、各インスタンスからアクセスできるようにマウントする。
C. 複数のアベイラビリティーゾーンにわたるAuto Scalingグループを使用するApplication Load Balancerを作成。Amazon S3 One Zone Infrequent Access

を使用してデータを保存する。

D. 複数のアベイラビリティーゾーンのEC2インスタンスで、アプリケーションを起動するEBSボリュームをマウントする。

◉ 問題5

ある会社では、親ドメインの下にサブドメインがあり、複数のWebサイトをホストしていて、サブドメインのAmazon EC2インスタンスにルーティングされています。Webサイトには静的なWebページや画像、そしてPHPによるサーバー処理があります。静的なWebページや画像の通常アクセス以外に、一部のWebサイトではピークアクセスが発生するので、ピークのトラフィックは自動的に調整する必要があります。コストを低く抑えながら、この要件を満たすサービスの組み合わせはどれですか?(2つ選択)

A. Amazon EC2 Auto Scaling

B. AWS Batch

C. AWS Step Functions

D. Application Load Balancer

E. Amazon S3

◉ 問題6

このメディア会社では、AWSへの移行を検討しています。条件として動画処理用に可能な限り最高のI/Oパフォーマンスを備えたストレージメディア、耐久性が非常に高いストレージ、そして800TBの通常のアクセスは不要なアーカイブメディア。これらの各要件を満たすストレージが必要です。ソリューションアーキテクトはこれらの要件を満たすために次のどのサービスを選択しますか。

A. 最大のパフォーマンスのためのAmazonEC2インスタンスストア、耐久性の高いデータストレージのためのAmazon EFS、アーカイブストレージのためのAmazon S3

B. 最大のパフォーマンスのためのAmazon EBS、耐久性の高いデータストレージのためのAmason S3、アーカイブストレージのためのAmazon S3 Glacier

C. 最大のパフォーマンスのためのAmazon EBS、耐久性の高いデータストレージ

のためのAmazon EFS、アーカイブストレージのためのAmazon S3 Glacier

D. 最大のパフォーマンスのためのAmazonEC2インスタンスストア、耐久性の高いデータストレージのためのAmazon S3、アーカイブストレージのためのAmazon S3 Glacier

◉ 問題7

ある会社ではファイル共有に保存されているデータへのアクセスを必要とする複数のビジネスシステムがあります。これらシステムは、サーバーメッセージブロック（SMB）プロトコルを使用してファイル共有にアクセスします。またファイル共有としては、オンプレミス環境とAWSの両方からアクセスできる必要があります。どのストレージサービスが要件を満たしますか？（2つ選択）

A. Amazon EBS

B. Amazon EFS

C. Amazon S3

D. Amazon FSx for Windows

E. AWS Storage Gateway file gateway

◉ 問題8

ソリューションアーキテクトは、AWSサービスと機能の組み合わせを選択する必要があります。ユーザーは静的なシングルページアプリケーションに向けて低レイテンシーでのアクセスを可能とするアーキテクチャを設計する必要があります。このアーキテクチャではサーバーレスであるとともに、低コストが求められます。（2つ選択）

A. Amazon S3

B. Amazon EC2

C. AWS Fargate

D. Elastic Load Balancer

E. Amazon CloudFront

◉ 問題9

　この企業では、大規模なパブリックウェブアプリケーションへの攻撃を懸念しています。当ウェブアプリケーションは、Application Load Balancer（ALB）を使用しており、ソリューションアーキテクトとして、ウェブアプリケーションに対するDDoS攻撃のリスク低減が求められています。この要件を満たすには、どうすればよいですか。

　A. ALBにAmazon Inspectorエージェントを追加する。
　B. Amazon GuardDutyを構成する。
　C. Amazon Macieを構成する。
　D. AWS Shield Advancedを有効化する。

◉ 問題10

　この企業では、3層アプリケーションのスタックがあり、これらのワークロードについてコンテナ技術を用いて、マイクロサービス化したいと考えています。一方で、コンテナ用のコンピューティングに関して、プロビジョニングおよび管理したくありません。またアプリケーションの大幅なリファクタリングは望みません。どのようにすれば、これらの要件を満たせますか。

　A. Amazon ECSクラスターをプロビジョニング。ECSノードをAmazon EC2 Auto Scalingグループにアタッチし、コンテナをホストする。
　B. Amazon ECSクラスターとともに、AWS Fargateをプロビジョニングする。コンテナをFargateタスクにデプロイする。
　C. AWS Lambda関数を作成し、Amazon API Gateway APIと統合することで、マイクロアプリケーションを実現する。
　D. AWS Lambda関数を作成し、Amazon API Gateway APIと統合する。またDynamoDBとも連携して3層のマイクロアプリケーションを実現する。

◉ 問題11

　ソリューションアーキテクトがVPCフローログをチェックすると、インターネットにトラフィックが送られていることが判明しました。VPC内のEC2のアプリケーションはAmazon S3を使用しています。この会社のセキュリティポリシーでは、インター

ネットアクセスをなくしながらも、アプリケーションとの接続は継続することが求められています。この対応のために、ルートテーブルを更新する前にVPCで行う必要がある変更は、次のうちどれになりますか。

A. Amazon EC2アクセス用VPCエンドポイントの作成
B. Amazon EC2アクセス用NATゲートウェイの作成
C. Amazon S3アクセス用NATゲートウェイの作成
D. Amazon S3アクセス用VPCエンドポイントの作成

◉問題12

オンプレミスでシステムを稼働している会社が、災害時の復旧にAWSを検討しています。ソリューションアーキテクトに与えられた要件は、10TBのデータを転送すること、データ転送は暗号化されていること、そして72時間以内で既存のデータをAWSに保管できることになります。このデータセンターには1Gbpsのインターネット接続があります。ソリューションアーキテクトとしてはどの方法を推奨しますか。

A. 最初の10TBのデータを、AWSにFTPで送信する。
B. 最初の10TBのデータを、AWSにAWS Snowballを使用し送信する。
C. AWS Direct ConnectをAmazon VPCと会社のデータセンター間に確立する。
D. VPN接続をAmazon VPCと会社のデータセンター間に確立する。

◉問題13

現在のパブリックウェブサイトでは、Amazon EC2インスタンスをホストしています。静的コンテンツであるため、このEC2インスタンスをAmazon S3バケットに移行することを計画しています。この際にAmazon CloudFrontディストリビューションを利用した配信を計画しています。EC2インスタンスではIP制限を設けるセキュリティグループで限定していたので同様な対応も必要です。これらの要件を満たす組み合わせは次のうちどれですか。(2つ選択)

A. 現在のEC2セキュリティグループに設定したものと同じIP制限を含む新しいセキュリティグループを作成する。この新しいセキュリティグループをCloudFrontディストリビューションに関連付ける。

B. 現在のEC2セキュリティグループに設定したものと同じIP制限を含む新しいセキュリティグループを作成する。この新しいセキュリティグループを、静的コンテンツをホストするS3バケットに関連付ける。

C. Origin Access Identity（OAI）を作成してCloudFrontディストリビューションに関連付ける。このOAIのみがS3のオブジェクトへのアクセスができるようにバケットポリシーの権限を変更する。

D. 新しいIAMロールを作成する。このロールをディストリビューションに関連付けることでセキュリティを確保する。S3バケットまたはS3バケット内のファイルの許可を変更して、新しく作成されたIAMロールのみが読み取りおよびダウンロードの許可を持つようにする。

E. EC2インスタンスのセキュリティグループで設定したものと同じIP制限設定をAWS WAF ウェブACLに作成する。この新しいウェブACLをCloudFrontディストリビューションに関連付ける。

◉問題14

　この企業では、社員の活動報告などの共有情報がテキストベースでAmazon S3に保管されており、それをもとに柔軟に閲覧可能なナレッジベースを検討しています。このシステムは、海外からの利用もあるため、24時間365日使用される予定です。当共有情報については、一括ロードや部分的にロードできる機能があり、SQLでクエリできるソリューションを必要としています。現在の構成を活用し、費用対効果の高い方法でこれらの要件を満たすには、どうすればよいですか。

　A. Amazon Athena

　B. Amazon RDS

　C. Amazon Redshift

　D. Amazon DynamoDB

◉問題15

　このエンターテイメント企画会社は、レイヤー4のユーザーとの通信をするゲームアプリケーションを運営しています。マルチプレーヤーが参加できるもので、1つのアベイラビリティーゾーンに複数のAmazon EC2インスタンスを稼働させています。今後の適切な運用を踏まえて、可用性とコスト効率を高めるために、ソリューション

アーキテクトは何をすべきですか?(2つ選択)

A. EC2インスタンスの数を増やし、Auto Scalingグループによりスケールアウト可能にする。

B. EC2インスタンスを1つに絞り、スケールアップする。

C. EC2インスタンスの前にApplication Load Balancerを構成する。

D. EC2インスタンスの前にNetwork Load Balancerを構成する。

E. 複数のアベイラビリティーゾーンにインスタンスを配置し、自動的に追加または削除するようにAuto Scalingグループを構成する。

⦿問題16

このウェブアプリケーションは、Application Load Balancerの背後にあるAmazon EC2インスタンスで実行中です。近年、海外からのハッキングなどを警戒し、このアプリケーションでは、特定の一国からのみにアクセスを限定する必要が出てきました。この要件を満たすには、どの構成が適切ですか。

A. Application Load Balancerでセキュリティグループを構成する。

B. EC2インスタンスのセキュリティグループを構成する。

C. EC2インスタンスを含むサブネットのネットワークACLを構成する。

D. VPCのApplication Load BalancerでAWS WAFを構成する。

⦿問題17

この会社では、Webサイトを公開しており、そこでクリックされたデータ(クリックストリームデータ)をキャプチャして分析しています。現在は、蓄積したデータを元にしたバッチ処理による分析ですが、これをオンタイムでの分析に変更し、タイムリーな洞察を得るために、ほぼリアルタイムのデータ処理に移行することを計画しています。ここで最小限の運用でのストリーミングデータ処理を可能とする費用効果の高いAWSサービスの組み合わせはどれですか。(2つ選択)

A. AWS Lambda

B. Amazon EC2

C. Amazon Kinesis Data Streams

D. Amazon Redshift

E. Amazon Kinesis Data Analytics

◉問題18

　この会社の多層Webアプリケーションは、Application Load Balancerの背後に
あるAmazon EC2インスタンスで実行されます。EC2インスタンスは、複数のアベ
イラビリティーゾーンに配置し、EC2 Auto Scalingグループで実行されています。
またAmazon Auroraデータベースを使用します。今後、海外展開するとともにリク
エストレートの増加においても、アプリケーションの適用力を高め、レイテンシーを
低減する必要があります。こうした要件に対して適切なサービスの追加はどれにな
りますか。(2つ選択)

A. AWS Direct Connectの追加

B. AWS Shieldの追加

C. AWS Global Acceleratorの追加

D. Amazon S3 Transfer Acceleratorの追加

E. Application Load Balancerの前にAmazon CloudFront ディストリビューション
の追加

◉問題19

　この会社では、Amazon API Gatewayの背後に設置させる新しいサービスを設
計しています。新サービスのリクエスト数は予測できていません。毎秒500リクエス
トまで達する可能性があります。データベースを使用しますが、データの合計サイズ
は現在、1GB未満で拡張性を考慮する必要があるとともに、Key-Value型のクエリ
でデータを操作します。これらの要件を満たす最適なAWSサービスの組み合わせ
はどれですか?(2つ選択)

A. Amazon EC2 Auto Scaling

B. AWS Fargate

C. AWS Lambda

D. Amazon DynamoDB

E. MySQL 互換のAmazon Aurora

⊙ 問題 20

ソリューションアーキテクトは、災害時の別リージョンでのリカバリーを計画する必要があります。現在、アプリケーションは、単一リージョンのAmazon EC2インスタンスで実行されています。別リージョンでアプリケーションをデプロイするために、どのような対応を組み合わせる必要がありますか?(2つ選択)

A. 別リージョンでは、Amazon Machine Image(AMI)から新しくEC2インスタンスを起動する。

B. 現在のリージョンのEC2インスタンスのEBSボリュームをデタッチし、Amazon S3にボリュームコピーする。

C. 別リージョンで新しいEC2インスタンスを起動する。またAmazon S3から新しいインスタンスにボリュームコピーする。

D. EC2インスタンスのAmazon Machine Image(AMI)をコピーして、宛先に別のリージョンを指定する。

E. Amazon S3からAmazon EBSボリュームをコピーし、そのEBSボリュームを使用して宛先リージョンでEC2インスタンスを起動する。

⊙ 問題 21

この会社では、セキュリティポリシーとしてアプリケーションのデータがインターネットを経由することは許可されていません。そのため、ソリューションアーキテクトは、VPC内のAmazon EC2インスタンスからAmazon DynamoDBへのAPI呼び出しがインターネットを通過しないようにする必要があります。この要件を実現するためには、何をすべきですか?(2つ選択)

A. セキュリティグループにセキュリティグループエントリを作成して、DynamoDBへのアクセスを提供する。

B. エンドポイントのルートテーブルエントリを作成する。

C. DynamoDBのゲートウェイエンドポイントを作成する。

D. エンドポイントを使用する新しいDynamoDBテーブルを作成する。

E. VPCの各サブネットでエンドポイントのENIを作成する。

◉ 問題22

この会社では、パブリックサブネットとプライベートサブネットで実行される2層の
アプリケーションがあります。パブリックサブネットには、ウェブアプリケーションを
実行するAmazon EC2インスタンスがあり、プライベートサブネットにはデータベー
スが配置されています。これらは現在、1つのアベイラビリティーゾーン（AZ）で実
行されています。今後、可用性を高める必要があるため、次のどの組み合わせで対
応する必要がありますか？（2つ選択）

A. 同一AZに新しいパブリックおよびプライベートサブネットを作成する。
B. 複数のAZにまたがるApplication Load Balancerを作成するとともに、
Amazon EC2 Auto Scalingグループを設定する。
C. 同じVPCに新しいパブリックサブネットとプライベートサブネットを作成する。
それぞれのサブネットを新しいAZに作成し、データベースをAmazon RDSとし
マルチAZ配置する。
D. Application Load Balancerの背後にあるAuto ScalingグループにEC2インス
タンスを追加する。
E. 新しいAZに新しいパブリックおよびプライベートサブネットを作成する。1つ
のAZからAmazon EC2上にデータベースを作成する。

◉ 問題23

この企業では、Amazon S3に重要な財務データの結果を保存する必要がありま
す。このオブジェクトに対して、全ユーザーに対して読み取りのみのアクセスに制限
します。どのファイルも作成日から1年間は変更や削除ができません。また途中で保
持期間の変更もできません。これらの要件を満たすソリューションは次のうちどれ
ですか。

A. 保持期間を365日間として、ガバナンスモードでS3オブジェクトロックを使用
する。
B. 保持期間を365日間として、コンプライアンスモードでS3オブジェクトロックを
使用する。
C. IAMユーザーがS3バケットでオブジェクトを削除または変更できないように制
限する。

D. オブジェクトがS3バケットに保持されるたびに通知され、AWS Lambda関数が呼び出されるようにS3バケットを設定する。

◉ 問題24

ソリューションアーキテクトはセキュリティグループの設定を実施する必要があります。現在、2層のWebアプリケーションがあり、パブリックサブネットにはAmazon EC2でホストされているWeb層、プライベートサブネットにはデータベース層があります。プライベートサブネットのAmazon EC2で実行されているデータベースは、Microsoft SQL Serverです。この環境でどのようなセキュリティグループが適切でしょうか?(2つ選択)

A. 0.0.0.0/0からのポート443の送信トラフィックを許可するようにWeb層のセキュリティグループを構成する。

B. 0.0.0.0/0からのポート443の受信トラフィックを許可するようにWeb層のセキュリティグループを構成する。

C. データベース層のセキュリティグループを構成して、Web層のセキュリティグループからのポート1433でのインバウンドトラフィックを許可する。

D. データベース層のセキュリティグループを構成し、ポート443および1433でWeb層のセキュリティグループへのアウトバウンドトラフィックを許可する。

E. データベース層のセキュリティグループを構成し、Web層のセキュリティグループからのポート443および1433でのインバウンドトラフィックを許可する。

◉ 問題25

現在、AWS上にデプロイを計画している新しいアプリケーションのアーキテクチャ設計をしています。実行するプロセスは処理するジョブの数に基づいて、必要に応じてアプリケーションノードを追加および削除しながら、並行処理する必要があります。アプリケーションはステートレスで、疎結合となっている必要があるとともに、ジョブは欠落することなく保存され、順次処理される必要があります。ソリューションアーキテクトが使用すべきアーキテクチャ設計はどれになりますか。

A. Amazon SNSトピックを作成して、処理必要なジョブを送信する。アプリケーションで構成されるAmazon Machine Image(AMI)を作成し、AMIを使用す

る起動構成を作成する。起動設定を使用してAuto Scalingグループを作成する。Auto Scalingグループのスケーリングポリシーを設定して、CPU使用率に基づいてノードを追加および削除する。

B. 処理する必要があるジョブを保持するAmazon SQSキューを作成する。アプリケーションで構成されるAmazon Machine Image（AMI）を作成し、AMIを使用する起動構成を作成する。起動設定を使用してAuto Scalingグループを作成する。Auto Scalingグループのスケーリングポリシーを設定して、ネットワークの使用状況に基づいてノードを追加および削除する。

C. Amazon SNSトピックを作成して、処理必要なジョブを送信する。アプリケーションで構成されるAmazon Machine Image（AMI）を作成し、AMIを使用する起動テンプレートを作成する。起動テンプレートを使用してAuto Scalingグループを作成する。Auto Scalingグループのスケーリングポリシーを設定して、SNSトピックにパブリッシュされたメッセージの数に基づいてノードを追加および削除する。

D. 処理する必要があるジョブを保持するAmazon SQSキューを作成する。プロセッサアプリケーションで構成されるAmazon Machine Image（AMI）を作成し、AMIを使用する起動テンプレートを作成する。起動テンプレートを使用してAuto Scalingグループを作成する。Auto Scalingグループのスケーリングポリシーを設定して、SQSキュー内のアイテム数に基づいてノードを追加および削除する。

アソシエイト試験実践問題 の解答

◉問題1　B, E

データ取得レイヤーとしてAmazon EC2インスタンスでのワークロードは、随時中断も許容されるとのことなので、スポットインスタンスの利用が可能であり、費用対効果が高いです。またフロントエンドレイヤーのFargate、APIレイヤーのLambdaは、使用率の想定がつくとともに、1年間継続利用されるとのことなので、Compute Savings Planの利用は費用対効果が高くなります。

◉問題2　A

Aは正解。複数のアカウントをAWS Organizationsで管理し、その中を同じポリシーで統一して管理する場合、サービスコントロールポリシー（SCP）を利用します。SCPはアカウント内の全てのIAMエンティティに一元的なアクセスコントロールを提供します。SCPはAWS Organizationsを通じて作成されます。Organizationsを作成すると、最初にルートを作成します。ルートは組織内の全てのアカウントの親コンテナになります。ルート内では、組織内のアカウントを組織単位（OU）にグループ化して、これらのアカウントの管理を簡略にすることができます。SCPを組織のルート、OU、および個別のアカウントに反映させることができます。

Bは不正解。ACLはアカウント内のサブネットもしくはS3へのアクセス制御の目的で利用されます。

Cは不正解。セキュリティグループはアカウント内のインスタンスへのアクセス制御の目的で利用されます。

Dは不正解。ロールというのは、ユーザーの代わりに権限を付与するものであり、アクセス制御の目的では、ポリシーを設定する必要があります。またこの設問では、アカウントをまたいだポリシーが必要なため、SCPの設定が必要になります。

◉問題3　D

Aは不正解。ログについては、GroupPolicy1でEffectがAllow（許可）されているActionはGetとDescribeになります。削除は許可されていません。

Bは不正解。IAMユーザーについても、GroupPoclicy1で許可されているAction はGetとListです。削除は許可されていません。

Cは不正解。GroupPolicy1でディレクトリについての定義としてdsは*として全て のActionが許可されていますが、GroupPolicy2で削除のアクションに対してEffect がDeny（拒否）されていますので、このポリシーとして削除はできません。

Dは正解。GroupPolicy1でEC2について*として全てのActionが許可されてお り、GroupPolicy2で特にDeny（拒否）されていないため、削除が可能です。

◉問題4　B

この問題では、解答の選択肢をみると、違いはAuto Scalingグループの設定を していることと、ストレージの違いの2つです。その点で解答を絞っていきます。

Aは不正解。Auto Scalingの点は良いのですが、EC2インスタンスストアは EC2が終了するとデータを保持しないため、リカバリー用途には向きません。

Bは正解。ここではAuto Scalingを用いて複数AZで高可用性を持たせている 点、そしてEFSでデータを共有することで1つのAZの障害時も他のAZからのアク セスを可能にしている点が評価できます。Amazon EFSは、同じAZ内のマウント ターゲット経由でファイルシステムにアクセスするようにします。マウントターゲット はサブネットの1つにのみ作成されます。

Cは不正解。Auto Scalingの点は正しいのですが、Amazon S3でOne Zone IAを利用している点でAZ障害時の可用性が低くなります。

Dは不正解。Auto Scalingの設定がない点は可用性としてはマイナスです。また EBSはAZをまたがってデータ共有はできません。

◉問題5　A, E

Aは正解。ピークアクセスを自動的に調整する必要について対応します。

Bは不正解。AWS Batchはバッチ処理を自動的にプロビジョニングする機能な ので、この要件とは合いません。

Cは不正解。AWS Step FunctionsはLambda関数などのサーバーレスの機能 を連携するための機能なので、この要件とは合いません。

Dは不正解。Application Load Balancerはロードバランスです。その背後に EC2インスタンスによるサーバー配置のアーキテクチャを選択するのであれば、こ の選択肢も候補になりますが、コストを低く抑えることやサブドメインで処理すると

いった前置きがありますので、通常のアクセスにはAmazon S3を利用した方が安く
つきます。

Eは正解です。Amazon S3を使用することで、静的ホスティングが可能になりま
す。この構成はEC2インスタンスで静的サイトを構築するよりもコスト効率が高い
アーキテクチャです。

◉問題6　D

この問題パターンは、I/Oパフォーマンス、耐久性、アーカイブの点で、どのスト
レージを選択するかを問うものとなります。候補としては、EC2インスタンスストア、
EBS、EFS、S3、Glacierがありますが、それぞれの特徴を押さえておくと選択可能
です。

Aは不正解。耐久性の高いデータストレージではEFSよりS3が推奨されます。
また「通常のアクセスは不要なアーカイブストレージ」であるため、S3ではなく、
Glacierが推奨されます。

Bは不正解。I/Oパフォーマンスの点では、「可能な限り最高の」という条件なの
で、EC2インスタンスストアになります。ただし、設問に例えば「20TBのストレージ
が必要でI/Oパフォーマンスが高い」といった条件が加わると、EBSが正解になり
ます。

Cは不正解。これもAとBの説明と同様です。

Dは正解です。

◉問題7　D, E

サーバーメッセージブロック（SMB）プロトコルを使用したファイルのアクセスが
可能なストレージを選択することになります。

1つはAmazon FSx for Windowsが選択できます。ただ、これはAWS内のシス
テムからのファイル共有用です。

オンプレミス環境からのアクセスも要件としてあるため、もう1つはAWS Storage
Gateway file gatewayになります。このファイルゲートウェイは、SMBプロトコルと
NFSプロトコルが選択可能です。

その他のストレージサービスは要件と異なります。

⦿問題8 A, E

　この問題のポイントは、静的なシングルページアプリケーションであることから、S3を利用することにより低コストでサーバーレスなアーキテクチャが可能になる点です。あとは、S3利用時に低レイテンシーであることを考えると、CloudFrontの利用が考えられます。

　Aは正解です。

　Bは不正解。EC2はサーバーレスではありません。

　Cは不正解。Fargateもサーバーレスのアーキテクチャになりますが、動的な処理を得意とし、静的なシングルページアプリケーションの用途を考えると適切ではありません。

　Dは不正解。EC2やFargateとの組み合わせを考えられますが、S3の選択を考えると適切ではありません。

　Eは正解。S3のフロントにエッジロケーションとして設置することにより、低レイテンシーを実現できます。

⦿問題9 D

　Application Load Balancer（ALB）を使用したアプリケーションレイア（レイア7）へのDDoS攻撃に対しては、AWS Shield Advancedを有効化することによって防御可能です。

⦿問題10 B

　Amazon ECSによって、3層アプリケーションの大幅なリファクタリングをせずに、コンテナ技術によるマイクロサービス化が可能です。またコンピューティング資源のプロビジョニングや管理は、AWS Fargateを利用することで不要になります。

⦿問題11 D

　Aは不正解。EC2自体はVPC内にあるので、エンドポイントは不要です。

　Bは不正解。NATゲートウェイはプライベートサブネットからインターネットに出るためのもの。目的が異なります。

　Cは不正解。NATゲートウェイはインターネットに出るためのものであり、同じく目的が異なります。

Dは正解。S3にVPCエンドポイントを作成することにより、インターネットに出ずに、VPCとの接続が可能になります。

◉問題12　D

Aは不正解。FTPではデータ転送の暗号化の要件が満たせません。

Bは不正解。AWS Snowballの利用にあたっては、1週間程度の期間が必要になります。そのため72時間以内の要件を満たせません。ただし、100TB等のより大きなデータ容量があり、元々の回線の帯域が狭い場合は、最初に大量データ転送する用途でのSnowballの利用は適切な選択肢になります。

Cは不正解。オンプレミスとAWSの接続でよく出てくるAWS Direct Connectですが、Direct Connectの設置にあたっては、キャリアへの専用線申込などを含めると数週間の期間が必要になります。そのため、72時間以内の要件を満たせません。

Dは正解。現在ある1Gbpsのインターネット接続を利用して、VPN接続をすぐに設定することが可能です。これを使うと、ネットワークの帯域の50%の利用でも数時間でデータ転送でき、暗号化の要件もクリアできますので、この方法は全ての要件を満たせます。

◉問題13　C, E

Aは不正解。CloudFrontへはセキュリティグループを関連付けられません。

Bは不正解。S3のバケットへはセキュリティグループを関連付けられません。

Cは正解。CloudFront – OAI- S3というルートを関連付けすることで、このルートに限定したアクセスを設定できることになります。

Dは不正解。このIAMロールの設定では、CloudFront経由でのアクセスを限定するような設定にはなりません。

Eは正解。Cの対応とともに、CloudFront経由に限定したアクセスに対して、WAFを有効にすることによって、IP制限を効かすことが可能になります。この設定により、EC2インスタンスでIP制限のセキュリティグループを設定していた時と同様なアクセスに絞ることができます。

◉問題14　A

Amazon Athenaは、Amazon S3に保管されたプレーンテキストに対して、SQLクエリを用いて、現状のAmazon S3環境を活用し、簡易に分析することが可能です。

◉ 問題15　D, E

Aは不正解。現在の単一のアベイラビリティーゾーンでのEC2インスタンスの増加だけでは、可用性の点で十分ではありません。

Bは不正解。EC2インスタンスを1つにするという点は可用性の観点で良くありません。

Cは不正解。この問題は、ロードバランサーとAuto Scalingの組み合わせを答えるものになります。ただしApplication Load Balancerはアプリケーションレイヤー（レイヤー7）のロードバランサーであるため、設問のレイヤー4という点で選択できなくなります。

Dは正解。Network Load Balancerはレイヤー4のロードバランサーであるため、これをEC2インスタンスの前に構成します。

Eは正解。複数アベイラビリティーゾーンに配置するインスタンスという点で、可用性の要件を満たしています。

◉ 問題16　D

Aは不正解。セキュリティグループで制御する・しないにかかわらず、セキュリティグループはインスタンス単位に設定するものです。ALBというのが誤りです。

Bは不正解。EC2インスタンスにセキュリティグループを設定しても、ALBにアクセスされてしまいます。

Cは不正解。これもBと同様に、ALBにアクセスされてしまいます。

Dは正解。WAFを構成することにより、ALBで特定の一国からのアクセスを拒否することができます。

◉ 問題17　C, E

この問題では、「ストリーミングデータ」「ほぼリアルタイム」「最小限の運用で」という要件が提示されているので、Kinesisシリーズによるマネージドサービスが適切な選択になります。その他のサービスを利用したアプリケーション構築はアーキテクチャ上、複雑になります。そのため、AとBは不正解です。

Kinesisシリーズでストリーミングデータを蓄積するのは、Amazon Kinesis Data Streamsになります。また分析にあたってはSQLを使用してData Streamsから簡単にデータ操作が行えるAmazon Kinesis Data Analyticsの選択が適切です。そのため、答えはCとEとなります。

◉問題18　C, E

　海外展開におけるリクエストレートの増加という要件を充足させるためには、AWS Global AcceleratorとAmazon CloudFrontの選択が適切です。

　ユーザーエクスペリエンスを改善するために、Global Acceleratorはユーザートラフィックをクライアントに最も近いアプリケーションエンドポイントに転送します。これによりユーザーのアプリケーションパフォーマンスを向上させます。

　Amazon CloudFrontは高速なコンテンツ配信ネットワーク（CDN）サービスであり、データ、ビデオ、アプリケーション、およびAPIを、低レイテンシーかつ高速の転送速度で顧客に安全に配信するものです。

　Aは不正解です。AWS Direct ConnectはオンプレミスとAWSを専用線でプロビジョニングするサービスです。

　Bは不正解です。AWS ShieldはDDoS攻撃に対する防御のためのサービスです。

　Dは不正解です。ここではS3を利用してのアプリケーションは言及されていません。

◉問題19　C, D

　この設問では、API Gatewayを利用している点、リクエストが予測不可能であるとともに高いパフォーマンスが求められる点、またデータはKey-Value型で良い点などから考慮すると、リソース活用は極力マネージドサービスを利用して、AWSでリクエスト増に対応できるようにするとともに、NoSQLでパフォーマンスの高いデータベースが求められることがわかります。

　その点では、EC2やSQLデータベースであるAmazon Auroraは候補から外されます。そして組み合わせからいうと、LambdaとDynamoDBはサーバーレスであり最もシンプルな構成になります。

　BのAWS Fargateも同じくサーバーレスで、アプリケーションサーバーを設定できるため、Auroraと組み合わせてより複雑な処理をするには良いです。ただ今回の設問はKey-Value型のクエリということで、この組み合わせはとりません。

◉問題20　A, D

　この設問では、別リージョンでのアプリケーションのデプロイを問題としています。そのため、アプリケーションを稼働させるための方法としては、EC2インスタン

スが動くゴールデンイメージとして、AMIをコピーして、それを元にEC2インスタンスを起動させることがシンプルで、最も簡易です。これは、クロスリージョンEC2 AMIコピーという機能であり、シンプルで一貫性のあるマルチリージョンデプロイが可能になります。そのため、Bのようにインスタンスのボリュームのデタッチをする必要はありません。またC、EのようにAmazon S3経由でデータを転送する必要もありません。

◉問題21　B, C

この設問はインターネットを経由させない設定なので、VPCとエンドポイントの設定になります。VPCにEC2インスタンスが配置されているので、それとDynamoDBのエンドポイントという構成になります。ここでは、DynamoDBがエンドポイントとしてサポートさせるサービスであるため、DynamoDB側にゲートウェイエンドポイントの作成をするとともに、ルートテーブルのエントリで当該サービスを宛先とするエントリを作成する必要があります。そのため、BとCを実施することになります。

VPCエンドポイントの作成の設問としては、Amazon S3が問われるケースもあります。

◉問題22　B, C

この設問は、マルチAZ構成によって高可用性を実現させる典型的な問題です。つまり、Webアプリケーションとデータベースの2層のアプリケーションになるため、それぞれをマルチAZに配置させることで対応させる問題になります。

BはWebアプリケーション側でのマルチAZ対応であり、Cはデータベース側でのマルチAZ対応になるため、正解はこの2つになります。

◉問題23　B

全ユーザーに対して、ファイル作成日から1年間は変更や削除を禁止し、途中での保持期間の変更も禁止するためには、コンプライアンスモードにより、S3オブジェクトロックを使用します。

◉問題24　B, C

この設問はセキュリティグループによるポート制御の問題になります。インター

ネットからパブリックサブネットのWeb層、そしてWeb層からプライベートサブネットのデータベース層という構成を元に、セキュリティグループで必要なポートのみを開けていく設定が問われています。そのため、答えはBとCになります。

◉問題25　D

このように似たような文章で、少しずつ内容が異なる選択肢を選ばせる問題は多く出題されます。ここでは、「Amazon SNS」と「Amazon SQS」、「AMIを使用する起動構成」と「AMIを使用する起動テンプレート」、ノード追加／削除の方法について、選択し、正しい解答文を選ぶことになります。

要件では「ジョブは欠落することなく保存され順次処理」とありますので、Amazon SQSを使用したキュータイプの設計が求められます。

またAMIからの起動という点でいうと、起動テンプレートがシンプルです。

さらに「処理するジョブの数に基づくノードの追加／削除」とあるので、SQSキュー内のアイテム数に基づくスケーリングが適切です。

9

AWSサービス用語集

当用語集はソリューションアーキテクト−アソシエイト試験の受験にあたって、用語として概要を理解しておくことが望ましいサービスを列挙しています。AWSが提供している用語集（https://docs.aws.amazon.com/ja_jp/general/latest/gr/glos-chap.html）に掲載されている用語のうち、特に重要なものをピックアップして解説したものです。

■ Amazon API Gateway

どのような規模のシステムであっても、開発者が簡単にAPIの作成、配布、保守、監視、保護を行えるフルマネージドサービス。たとえばAPI Gatewayを使用すると、Lambdaで実行するコードのAPIを簡単に作成できる。

■ Amazon Athena

標準SQLを使用しAmazon S3のデータ分析を簡易化するインタラクティブなクエリサービス。サーバーレスであり自動的にスケーリングする。簡単に使用できるため、数秒以内にデータセットの分析を開始可。

■ Amazon Aurora

オープンソースデータベースのシンプルさとコスト効率性を持つとともに、商用データベースのパフォーマンスと可用性を持つDB。フルマネージド型MySQLおよびPostgreSQLと互換性のあるリレーショナルデータベースエンジン。

■ Amazon CloudFront

低レイテンシーの高速転送によって、世界中のユーザーに安全にコンテンツ配信できる高速のコンテンツ配信ネットワーク（CDN）サービス。ウェブサイトやアプリケーションのパフォーマンス、信頼性、可用性を向上。

■ Amazon CloudWatch

アプリケーションを監視し、システムの使用率の最適化を図る統合的なリソース管理サービス。メトリクスに基づいてアラームのアクションを設定可。

■ Amazon EventBridge（CloudWatch Events）

AWSリソースでの変更を示すシステムイベントをほぼリアルタイムでAWS Lambda関数、Amazon Kinesis Data Streamsに提供できるストリーム、Amazon Simple Notification Serviceトピック、またはその他ターゲットに振り分けることができるウェブサービス。

■ Amazon CloudWatch Logs

運用上の問題をトラブルシューティング可能にするサービス。既存のシステム、アプリケーション、およびカスタムログファイルから、システムとアプリケーションをモニタリングし、トラブルシューティング可能なサービス。既存のログファイルをCloudWatch Logsに送信し、送信したログをほぼリアルタイムにモニタリング可。

■ Amazon Cognito

モバイルアプリやウェブアプリにユーザーのサインアップやアクセス認証機能を簡単に追加できるサービス。バックエンドコードの記述やインフラストラクチャの管理は必要ない。モバイルアイデンティティ管理や複数のデバイス間のデータ同期が可能。

■ Amazon DocumentDB

高速でスケーラブルかつ高可用性のフルマネージド型のドキュメントデータベースサービス。MongoDBのワークロードをサポート。

■ Amazon DynamoDB

フルマネージドのNoSQLデータベースサービスで数ミリ秒のレイテンシー(応答時間)を実現できるパフォーマンスとどんな規模にも対応可能な拡張性を持つDB。

■ Amazon DynamoDB Streams

DynamoDB テーブル内の項目に加えられた変更に関する順序付けられた情報。テーブルでストリームを有効にすると、データの変更情報をキャプチャし、この情報を最大24時間ログに保存するAWSサービス。アプリケーションは、このログにアクセスすることでデータをほぼリアルタイムで参照可。

■ Amazon Elastic Block Store（Amazon EBS）

EC2インスタンスで使用するためのブロックストレージであり、一般的なハードディスクと同様の感覚で利用できるもの。

■ Amazon Elastic Container Service（Amazon ECS）

EC2インスタンスのクラスターにあるDockerコンテナを簡単に実行、停止、管理できるようにする、拡張性が高く、高速なコンテナ管理サービス。

■ Amazon Elastic Compute Cloud（Amazon EC2）

Linux/UNIX および Windowsサーバーのインスタンスを起動して管理できるサービス。

■ Amazon EC2 Auto Scaling

ユーザー定義のポリシー、スケジュール、およびヘルスチェックに基づいてインスタンスを自動的に起動または終了するように設計されたウェブサービス。

■ Amazon Elastic File System（Amazon EFS）

AWSでのネットワークファイルシステム（NFS）。ファイルシステムを作成し、設定する簡単なインターフェースを提供。ストレージ容量はファイルの追加や削除に伴い、高い伸縮自在性がある。

■ Amazon EMR（Amazon EMR）

大量のデータを効率的かつ簡単に処理するためのデータ分析に適したサービス。Hadoop処理と様々なサービスを組み合わせることによって、ウェブインデックス作成、データマイニング、ログファイル分析、機械学習、科学シミュレーション、データウェアハウジングといった分析系タスクを実施可。

■ Amazon ElastiCache

クラウドでのメモリ内キャッシュのデプロイ、運用、スケーリングを単純化するウェブサービス。RedisとMemcached互換のインメモリのデータストア。これにより、ディスクからのデータ取得に依存せずにキャッシュから取得することによりウェブアプリケーションのパフォーマンスを向上させる。

■ Amazon Elasticsearch Service（Amazon ES）

フルマネージドでスケーラブルなElasticsearchサービス。Elasticsearchはオープンソース検索および分析サービスであり、セキュリティオプション、高可用性、データ耐久性、Elasticsearch APIへの直接アクセス可能。

■ Amazon GuardDuty

未然にセキュリティの脅威を検出し、継続的にモニタリングするセキュリティサービス。AWS環境に発生した予期しないアクティビティや、潜在的に不正なアクティビティなど、悪意のあるアクティビティを識別可。

■ Amazon Inspector

アプリケーションのセキュリティとコンプライアンスを向上させるための、自動化されたセキュリティ評価サービス。自動的にアプリケーションを評価し、脆弱性やベストプラクティスからの逸脱を判定。評価の実行後には、修復に必要なステップを優先順位に従ってリスト化したものを含む詳細なレポートを作成。

■ Amazon Kinesis

動画やログデータなどのストリーミングデータを収集、処理、分析するためのプラットフォーム。ストリーミングのデータの読み込みと分析を簡略化できる。

■ Amazon Kinesis Data Firehose

ストリーミングデータの読み込み用のフルマネージドサービス。Amazon S3およびAmazon Redshiftにストリーミングデータをキャプチャし、自動的に収集するETLサービスのようなもの。また既存のビジネスインテリジェンスツールとダッシュボードでほぼリアルタイムに分析。データのスループットに合わせ自動的にスケールし、継続的な管理作業は不要。

■ Amazon Kinesis Data Streams
大規模でスケーラブルなリアルタイムのデータストリーミングサービス。1時間に数十万のソースからの数テラバイトのデータを継続的にキャプチャ、保存可能。

■ Amazonマシンイメージ（AMI）
Amazon Elastic Block Store（Amazon EBS）またはAmazon Simple Storage Serviceに格納される暗号化されたマシンイメージ。オペレーティングシステムが置かれており、ソフトウェアの他、データベースサーバー、ミドルウェア、ウェブサーバーなどのアプリケーションのレイヤーも含めることが可能。

■ Amazon Machine Learning（ML）
データのパターンを検出して機械学習モデル（ML）を作成し、そのモデルを使用して新規データを処理し、予測を生成するクラウドベースのサービス。MLサービスとして、SageMakerがある。

■ Amazon Macie
機械学習によってAWS内の機密データを自動的に検出、分類、保護するセキュリティサービス。

■ Amazon Managed Blockchain
HyperledgerやEtheriumといった一般的なオープンソースのフレームワークを使用して、スケーラブルなブロックチェーンネットワークを作成および管理するためのフルマネージドのサービス。

■ Amazon MQ
AWS上でメッセージブローカーを容易に設定および運用できるApache ActiveMQ向けのマネージド型メッセージブローカーサービス。

■ Amazon Neptune
マネージド型のグラフデータベースサービス。人気の高いグラフクエリ言語Apache TinkerPop GremlinとW3CのSPARQLをサポートしているため、高度に接続されたデータセットを効率的にナビゲートできるクエリが作成可能。

■ Amazon QuickSight

クラウド型の高速なビジネスインテリジェンスサービス。データの視覚化と分析を容易に行うダッシュボードが構築でき、ビジネス上の洞察をすばやく得ることが可能。

■ Amazon Redshift

クラウド内でのフルマネージド型でペタバイト規模のデータウェアハウスサービス。既存のビジネスインテリジェンスツールを使用してデータを分析可能。

■ Amazon Relational Database Service（Amazon RDS）

クラウドでリレーショナルデータベースを簡単に設定、運用、および拡張することができるサービス。業界標準のリレーショナルデータベース向けに、費用対効果に優れた拡張機能を備え、データベースワークロードを管理。

■ Amazon Route53

新しいDNSサービスを作成し、クラウドに既存のDNSサービスを移行するために使用するウェブサービス。

■ Amazon S3 Glacier

データのアーカイブおよび長期バックアップを行うための安全性と耐久性に優れた低コストのストレージサービス。アクセス頻度が低く、数時間内の取り出し回数が適切なデータに最適化。迅速取り出しオプションを利用すると、数分での取り出しも可能。

■ Amazon SageMaker

機械学習のワークフロー全体をカバーするフルマネージドサービス。機械学習モデルの構築、トレーニング、デプロイ手段を提供。データをラベル付けして準備し、アルゴリズムを選択して、モデルのトレーニングを行い、デプロイのための調整と最適化を実施。機械学習モデルをより少ない労力と費用で、本番稼働させることが可能。

■ **Amazon Simple Email Service（Amazon SES）**

簡単に利用でき、費用対効果の高いEメールソリューション。

■ **Amazon Simple Notification Service（Amazon SNS）**

アプリケーション、ユーザー、およびデバイスでクラウドからすぐに通知を送受信できるようにするpub/sub型のフルマネージドのメッセージングサービス。

■ **Amazon Simple Queue Service（Amazon SQS）**

コンピュータ間で送受信されるメッセージを格納するための、信頼性の高いスケーラブルなメッセージキューイングサービス。

■ **Amazon Simple Storage Service（Amazon S3）**

インターネット用のストレージ。階層構造のないオブジェクトストレージであり、ウェブ上のどの場所からも、いつでもいくらでも、データを保存して取得することが可能。

■ **Amazon Simple Workflow Service（Amazon SWF）**

並行したステップや連続したステップのあるバックグラウンドジョブを構築、実行、拡張するのを支援するフルマネージドサービス。クラウド内で、ステータストラッカーや、タスクコーディネーターのような役割を実施。

■ **Amazon Virtual Private Cloud（Amazon VPC）**

AWSクラウドの論理的に隔離された仮想ネットワークを構築するサービス。独自のIPアドレス範囲の選択、サブネットの作成、ルートテーブル、ネットワークゲートウェイの設定など、仮想ネットワーク環境をコントロール可能。

■ **Application Auto Scaling**

Amazon ECSサービス、Amazon EMRクラスター、DynamoDBテーブルなど、EC2の枠を超えたAWSリソースの自動スケーリングを設定する。

■AWS Auto Scaling

複数のAWSリソースを簡単かつ安全にスケーリングするサービス。インフラストラクチャのコスト削減とアプリケーションのパフォーマンスを最適化可能。複数のサービスにまたがる複数のリソースのスケーリングの場合は、個別のスケーリングではなく、AWS Auto Scalingが良い。

■AWS Backup

マネージド型のバックアップサービス。クラウド内およびオンプレミスのAWSのサービス間でデータのバックアップを簡単に一元化および自動化可能。

■AWS Batch

フルマネージドのバッチ処理サービス。数十万件のバッチ処理が可能で分析系ワークロードの用途に強い。

■AWS Certificate Manager（ACM）

Secure Sockets Layer/Transport Layer Security（SSL/TLS）証明書をAWSで使用するためのサービスで、プロビジョニング、デプロイ、管理を実施する。

■AWS CloudFormation

インフラストラクチャーを記述してプロビジョニングするためのテンプレートサービス。追加料金なしで利用可能。

■AWS CloudHSM

専用ハードウェアセキュリティモジュール（HSM）アプライアンスをAWSクラウド内で使用できるサービス。データセキュリティに対する会社、契約上、または法令で定められた要件の遵守を支援する。

■AWS CloudTrail

お客様のアカウントのAWS APIコールを記録し、ログファイルをお客様に送信するユーザーアクティビティとAPI使用状況を追跡するサービス。記録される情報には、API呼び出し元のID、API呼び出しの時刻、API呼び出し元のソースIPアドレス、リクエストパラメータおよびAWSサービスから返された応答の情報がある。

■ AWS Command Line Interface（AWS CLI）

AWSサービスを管理するための、ダウンロードおよび設定が可能な統合ツール。
複数のAWSサービスをコマンドラインから制御、スクリプトで自動化。

■ AWS Config

AWSリソースの設定を記録し、評価することができるサービス。セキュリティや
管理面を向上するため、AWSリソース在庫、設定履歴、設定変更の通知を提供す
る完全マネージド型サービス。

■ AWS Data Pipeline

AWSの異なるサービス間や、オンプレミスのデータソース間でデータの移動を信
頼性高く実行できるサービス。

■ AWS Direct Connect

オンプレミスからAWSへの専用ネットワーク接続を確立する。AWSと顧客の
データセンター、オフィス、またはコロケーション環境との間にプライベート接続を
確立可能。

■ AWS Directory Service

AWSでのマネージド型のMicrosoft Active Directory。AWSリソースを既存の
オンプレミスMicrosoft Active Directoryに接続するか、AWSクラウドに新規の
スタンドアロンディレクトリを設定して運用するAWSでのマネージド型のMicrosoft
Active Directory。

■ AWS Elastic Beanstalk

Java、.NET、PHP、Node.js、Python、Ruby、GoおよびDockerを使用して開発
されたウェブアプリケーションを、Apache、Nginx、Passenger、IISなど使い慣れ
たサーバーでデプロイおよびスケーリングするサービス。

■ AWS Glue

完全マネージド型の抽出、変換、ロード（ETL）サービス。データを検出し、ソースをターゲットに変換するためのスクリプトを開発して、サーバーレス環境でETLジョブをスケジュールして実行可。

■ AWS Identity and Access Management（IAM）

利用者が、AWS内でユーザーとユーザーアクセス許可を管理できる認証と認可を管理するサービス。

■ AWS Key Management Service（AWS KMS）

データの暗号化に使用される暗号化キーの作成と管理を容易にするとともに、証跡を残して可視化するマネージド型サービス。

■ AWS Lambda

サーバーの管理なしにコードを実行できるコンピューティングサービス。実質どのようなタイプのアプリケーションやバックエンドサービスでも、管理なしでコードを実行可。コードはAWSの他のサービスから自動的にトリガするか、ウェブやモバイルアプリケーションから直接呼び出すように設定可能。

■ AWS マネジメントコンソール

コンピューティング、ストレージ、およびその他のAWSのリソースを1つのウェブのインターフェイスから管理できるグラフィカルな画面インターフェイス。

■ AWS OpsWorks

ChefやPuppetを使って運用を自動化する構成管理サービス。インスタンスおよびアプリケーションのグループを構成。パッケージのインストール、ソフトウェア設定およびストレージなどのリソースを含む、各コンポーネントのアプリケーションのアーキテクチャおよび仕様を定義可。

■ AWS Organizations

アカウント全体を一元管理するサービス。作成して一元管理する組織に、複数のAWSアカウントを統合するためのアカウント管理サービス。

■ AWS Security Token Service（AWS STS）

一時的なリクエスト、AWS Identity and Access Management（IAM）ユーザーまたは認証するユーザーの権限制限の認証情報（フェデレーションユーザー）のためのサービス。

■ AWS Shield

マネージド型の分散サービス妨害（DDoS）攻撃に対する保護サービス。Amazon EC2インスタンス、Elastic Load Balancingロードバランサー、Amazon CloudFrontディストリビューション、Route53ホストゾーンなどのリソースをDDoS攻撃から保護するのに役立つサービス。追加料金なしで自動的に含まれる。AWS WAFと他のAWSのサービスに対して支払い済みの金額を超えて支払い不要。

■ AWS シングルサインオン（SSO）

複数のAWSアカウントおよびビジネスアプリケーションへのSSOアクセスの管理を簡単にするクラウドベースのサービス。AWS Organizationsでは、全てのAWSアカウントのSSOアクセスとユーザーアクセス許可を管理可能。

■ AWS Step Functions

分散アプリケーションのコンポーネントを視覚的なワークフローを一連のステップとして管理するワークフロー実行サービス。

■ AWS Snowball

AWSクラウドとの大容量データ転送を安全に行うように設計されたトランクのような物理的なデバイスを使用したペタバイト規模のデータ転送ソリューション。

■ AWS Storage Gateway

オンプレミスのソフトウェアアプライアンスとクラウドベースのストレージとを接続するストレージサービス。オンプレミスIT環境とAWSのストレージインフラストラクチャとを、シームレスに、セキュリティを維持しながら統合。

■ AWS Trusted Advisor

AWS環境を調査し、コストの削減、システムの可用性とパフォーマンスの向上に関するガイダンスを作成。セキュリティのギャップを埋める支援を行うサービス。

■ AWS WAF

AWSによるウェブアプリケーションファイアウォールサービス。例えば、リクエストの送信元のヘッダー値またはIPアドレスに基づいて、アクセスをフィルター可能。アプリケーションの可用性低下、セキュリティの侵害、リソースの過剰消費に影響を与える一般的なウェブエクスプロイトからウェブアプリケーションを保護。ユーザー指定の基準をもとに、ウェブコンテンツへのアクセスをコントロールする。

おわりに

　AWS認定試験の合格は、AWSを使った非常に豊かなソリューション（不便さの解消や斬新なイノベーション実現）への1つの入口です。

　例えば、AWSではAWS Grand Stationという人工衛星の基地局を支援するフルマネージドサービスがあります。地球の裏側の写真をリアルタイムで取得することで、特定の場所の作物の生育状況を宇宙から監視するといったことも可能です。普通なら、アンテナやネットワークを配備した基地局がないと人工衛星との通信はできません。しかしこのサービスを利用すれば、利用者は基地局について物理的なことを一切考えなくても、フルマネージドでやってくれます。

　AWSはこうした非常に豊かなソリューションをサービスの基盤として提供します。そのため、私たちはAWSを上手に活用していくことにより、豊かさを実感することが可能になっています。

　そして本書で説明したAWS認定試験も、とてもよくできている試験です。暗記した知識量というより、要件に応じたベストプラクティスの適用力を測る試験であり、勉強して損はありません。まさに豊かなソリューションへの一歩になるものです。

＊　　　　　　＊　　　　　　＊

　最後にAWS認定試験という強豪ひしめく分野にも関わらず、出版の機会を与えてくださった秀和システムの皆さまには、原稿が進まない中、最後まで支えていただき、心から感謝申し上げます。

　企画段階からお力添えをいただいたネクストサービスの松尾昭仁様には励ましをいただき、とても心強かったです。

　また今回の忙しい中、チェックをしてもらった同僚のAWS認定技術者である中村幸博くん、河畑凌くん、西山美恵子さん、とても助かりました。

　そして執筆を陰で支えてくれた私の友人そして家族に、この場を借りて厚くお礼申し上げます。

　本書が皆さまのクラウド利用の一助になれば幸いです。豊かなソリューション実現の一歩になりますように願っております。

2022年10月
山内 貴弘

著 者 紹 介

山内　貴弘（やまうち・たかひろ）

株式会社クレスコ、エグゼクティブITアーキテクト。

日本IBMを経て、AWSアドバンスドコンサルティングパートナーでもあるクレスコにて、現在、テクニカルポジションの最上位職としてデジタル変革と技術者育成をリードしている。

IBM時代は、大手通信会社のアカウントエンジニアとして大規模ネットワークアーキテクチャーの策定をリード。IBM認定プロジェクトマネジャー就任後は、特に難易度の高いプロジェクトに対して、技術仕様の徹底確認を信条として数多く成功させてきた。同じくIBMではグローバルビジネスサービスの人材開発ポートフォリオ戦略におけるJapan Leaderも担当し組織変革を推進した。

現在も多くのエンジニアのスキル育成にコミットし、AWS認定技術者では100名超の育成を達成するとともに現役のITアーキテクトやスクラムマスターとしてデジタル変革を追求している。AWS Solution Architect Professional、Certified ScrumMaster他、多数の資格を保有。情報処理学会、プロジェクトマネジメント学会、計測自動制御学会、人材育成学会、日本学習社会学会等に所属し、最新技術の追求と人材育成をテーマに国内外で発表。筑波大学大学院システム科学研究科修了。趣味はワークアウト、読書、坐禅。最近は「すみっコぐらし」（サンエックス）に共感。

LINE公式アカウント「AWS-SAアソシエイト@サンプル問題」

最新のAWSサービス情報を踏まえた、AWS認定ソリューションアーキテクト - アソシエイトのサンプル問題を定期的にLINEへ無償提供しております。下記のQRコードからアクセスできます！　ぜひご活用ください。

企画協力：ネクストサービス株式会社　松尾 昭仁
カバーデザイン：大場 君人

一夜漬け　AWS認定
ソリューションアーキテクト
アソシエイト[C03対応]
直前対策テキスト

発行日	2022年 12月23日	第1版第1刷

著　者　山内　貴弘

発行者　斉藤　和邦
発行所　株式会社　秀和システム
　　　　〒135-0016
　　　　東京都江東区東陽2-4-2　新宮ビル2F
　　　　Tel 03-6264-3105（販売）　Fax 03-6264-3094
印刷所　日経印刷株式会社　　　　　　Printed in Japan

ISBN978-4-7980-6908-1 C3055

定価はカバーに表示してあります。
乱丁本・落丁本はお取りかえいたします。
本書に関するご質問については、ご質問の内容と住所、氏名、
電話番号を明記のうえ、当社編集部宛FAXまたは書面にてお
送りください。お電話によるご質問は受け付けておりませんの
であらかじめご了承ください。